ACEITE DE COCO

CALIXTO LÓPEZ HERNÁNDEZ

(2018)

ACEITE DE COCO

PRÓLOGO

Los aceites vegetales constituyen alimentos básicos indispensables para el adecuado funcionamiento del organismo humano. Sin embargo, consumidos de forma arbitraria, sin conocer su perfil lipídico y propiedades nutritivas, pueden resultar perjudiciales para la salud, con lo que se revierte drásticamente su posible rol. Como existen en el mercado infinidad de ellos, lo que desorienta aún más al consumidor, nos hemos propuesto estudiar algunos de los más importantes y de mayor uso y consumo, cuestión que hemos hecho hasta ahora con el de girasol, colza, palma africana, soja y oliva, recogidos en un libro recién publicado sobre la química de los aceites vegetales.

En el libro de referencia decidimos no incluir el aceite de coco, por que en el se conjugan factores muy específicos relacionados con su original perfil lipídico, en el que predominan ácidos grasos saturados de cadena media, muy diferente al de los demás aceites comunes, en que prevalecen los ácidos grasos de cadena superior a 14 átomos de carbono.

El aceite de coco no resulta un producto común en los supermercados y establecimientos minoristas, y no abunda tanto como los demás aceites estudiados, aunque anualmente se producen más de 3,5 MTM en el mundo, preferentemente en países con clima tropical y la mayor parte de ellos con una economía emergente o en desarrollo. Paralelamente, éste ha tomado interés en los medios de comunicación y de divulgación científica, incluyendo los relacionados con la red, atendiendo a un grupo de propiedades farmacológicas que se le atribuyen, incluyendo su posible efecto sobre enfermedades cerebrales como la epilepsia y el alzheimer, para las que por su complejidad, hasta ahora no existen tratamientos eficaces.

A pesar de lo anterior, por su perfil lipídico rico en ácidos grasos saturados, aunque de cadena media, no puede inducirse que el aceite de coco no esté asociado con las enfermedades cardiovasculares, aunque en este sentido aparecen defensores y detractores. También, atendiendo a que los ácidos de cadena media son más fáciles de metabolizar por el organismo, hay quienes defienden que la energía asociada a los mismos se consume con rapidez, evitándose o disminuyendo, el almacenamiento de los mismos en el tejido adiposo, y por consiguiente jugando un rol positivo en la lucha contra la obesidad, conjugado con una dieta adecuada.

Es interesante valorar, como se recoge en la monografía, la existencia de un numeroso grupo de palmeras aceiteras con frutos de cuyas semillas se pueden obtener aceites con un perfil lipídico muy semejante al del aceite de coco. Dentro de éstas palmeras se valoran un grupo representativo de las mismas, pero existen muchas más, algunas de las cuales no se han estudiado pues crecen en las regiones selváticas de los países tropicales, pero cuya utilización podría redundar positivamente en las

3

economías emergentes de estos países.

Pero en esencia, en la monografía se defiende el fundamento básico de que **el aceite de coco es un aceite vegetal comestible y que como tal ha de verse**, independientemente de sus posibles efectos farmacológicos en los que se precisa profundizar más antes de establecer conclusiones definitivas, pero al margen de esto, este aceite presenta múltiples aplicaciones, no solo en el sector alimentario, sino también en el industrial, muy relacionado con la cosmética y la jabonería, en que se obtienen excelentes prototipos de gran acción detergente y espumante. También es necesario destacar su apreciable empleo en la industria de la harina, para la elaboración de confituras, pastelería, etc.

Estudiamos pues un aceite con un particular perfil lipídico en que los ácidos grasos que prevalecen son los de cadena media: láurico, mirístico, cáprico y caprílico, lo que dota a este producto de un sinnúmero de interesantes y originales propiedades.

ACEITE DE COCO

CAPÍTULO I

INTRODUCCIÓN

El aceite de coco es una grasa vegetal muy peculiar, que se diferencia con mucho de los demás aceites básicos en su perfil lipídico, lo que le confiere propiedades y características un tanto especiales, máxime, si por tal motivo se fija su atención en estos momentos en la polémica de si es beneficioso o no su empleo en la alimentación, y su efecto sobre la salud humana.

La polémica, como expresábamos en este caso, está servida, y algunos lo valoran y sobrevaloran como una panacea con múltiples beneficios para el bienestar y el metabolismo del organismo, en virtud a su rara y alta composición de ácidos grasos saturados de cadena media (**AGSCM**), mucho menor que en los demás aceites comunes. Otros, en virtud a su alta concentración de grasas saturadas, incluso superior a la del aceite de palma africana, consideran que constituye un factor de riesgo para las enfermedades cardiovasculares (**ECV**) y sobre todo para mantener niveles adecuados de colesterol.

Los aceites comunes: **girasol, canola, palma, soya, maíz y oliva**, fundamentan sus propiedades en un eje central principal relacionado con la concentración de los prototipos básicos de ácidos grasos: **palmítico,**

esteárico, oleico, los dos primeros saturados (**AGS**) y el tercero monoinsaturado (**AGMI**). En algunos resalta también la presencia significativa de ácidos grasos poliinsatutarados (**AGPI**) como el **linoleico**, con dos dobles enlaces en la cadena hidrocarbonada y **linolénico**, con tres. Pero en todo caso nos referimos a ácidos grasos con cadenas hidrocarbonadas iguales, o mayores de 16 átomos de carbono.

El aceite de coco, sin embargo, presenta un perfil lipídico particular en que prevalecen ácidos grasos saturados de cadena hidrocarbonada media, donde sobresale, sobre todo, el ácido **láurico** (**C12:0**) con una concentración del 47%, y otros de menor longitud de cadena: **caprílico** (**C8:0**): 8%, **cáprico** (**C10:0**): 6%; a los que se suma el ácido **mirístico** (**C14:0**): 18%, que le confieren a este aceite propiedades y características muy especiales, además de que este elevado indicador de ácidos grasos saturados, sobre el 90%, incide en sus propiedades físicas, sobre todo, la relativamente alta temperatura de fusión 24C, que hace que en los países de clima frío o templado se presente como una sustancia sólida blanca, no así en los países meridionales, o de clima cálido, en que se puede presentar como un líquido ligeramente amarillo pálido o incoloro.

Esta composición diferenciada del aceite de coco no es el único elemento que determina que hagamos una valoración del mismo, porque composiciones diferentes muestran otros aceites como el de cacahuete con valores relativamente significativos de ácidos aráquico (**C20:0**); 1.5%) y behénico (**C22:0**), 3,0 %) o el propio de la colza original que contiene elevadas cantidades de ácido erúcico (**C22:1**), o el de soja con niveles cercanos al 50% de ácido linoleico

(**C18:2**), y otros indicadores más que le dan la textura, el gusto, y caracterizan a estos aceites.

Por lo que si solo fuese el problema de la composición lo que le atribuye importancia al aceite de coco, tal vez no mostrase cierta relevancia en los medios propagandísticos y cualquier análisis del mismo se realizaría centrándose principalmente en su perfil lipídico. Existe otro factor sumamente importante y no es siquiera el económico: constituye la atención mediática que se le esta dando en los medios comunes de comunicación, incluyendo por supuesto la red, y por diferentes autores, sobre todo por aquellos que magnifican sus propiedades beneficiosas para la salud u otros que rechazan vehementemente esta suposición. Lo que consciente o inconscientemente puede causar problemas, sobre todo en las personas que tienen la tendencia a creer ciegamente en lo que se oye o se escribe.

También parece que algunos autores o personalidades de cierta relevancia, han sacado sus conclusiones al respecto, y no me refiero a los medios propagandísticos ni a las empresas productoras, ni siquiera a los gobiernos de los principales países productores y exportadores, sino a algunos que pueden tener alta credibilidad en los medios.

En esencia, el aceite de coco es una grasa vegetal que se obtiene de la masa blanca del coco, fruto del *Cocos lucífera Linn*. Extraído por prensado (**virgen**) y luego purificado, blanqueado, desodorizado y en resumen, refinado (**aceite de coco refinado**)

El aceite refinado de coco (**RBD**) se presenta como un líquido amarillo pálido o incoloro a temperaturas superiores a su punto de fusión, 24C, o semi sólido con textura semejante al lardo a temperaturas ligeramente menores a la de fusión, incluso, duro y quebradizo a temperaturas menores de 15C. El aceite virgen guarda los olores, el gusto y los aromas del fruto, mientras el refinado tiende a ser inodoro e insípido. El precio en el mercado minorista europeo supera el de los aceites vegetales comunes, incluso, hasta el del aceite de oliva.

I.1.- BASES DE LA POLÉMICA.

La naturaleza del aceite de coco donde predominan los **AGSCM** es considerado por algunos como que éstos son mejor asimilados por el organismo y por consiguiente más fáciles de metabolizar, y que no existen pruebas suficientes para considerar que su carácter saturado pueda estar asociado a las enfermedades cardiovasculares o causantes de que se eleve el colesterol sanguíneo.

Sustentan también su teoría en que el ácido láurico y el caprílico se encuentran formando parte de la leche materna en proporciones ligeramente superiores al 6 y el 2% respectivamente, también que se encuentra, aunque en menor proporción en la leche de vaca. Además, y asociado con lo de la leche materna, ésta posee ciertas propiedades antimicrobianas que podrían ayudar a las defensas del organismo. Es cierto que se ha reportado este efecto en algunos tipos de microorganismo, pero en humanos necesitaría de más pruebas para establecer correlaciones más exactas.

Otro aspecto que podría resultar relevante sobre las bondades de este aceite es lo relacionado con su posible efecto para contrarrestar y ralentizar el alzheimer en dependencia del grado de desarrollo de la enfermedad, el sexo, y las características metabólicas del individuo, donde se reportan ensayos en que se mejoró el estado de orientación y el de lenguaje-construcción en pacientes sometidos a estudio, al ingerir periódicamente determinadas cantidades de aceite de coco.

Algunos productores de aceite de coco con fines farmacológicos indican que los triacilglicéridos (**TAG**) conteniendo AGSCM son poco frecuentes en la dieta humana, a diferencia de sus homólogos de cadena larga, base de nuestra dieta, y concluyen que comparativamente estos proporcionan más energía a las células por su rápida absorción y oxidación, ya que en los otros es más lenta y compleja. Consideran además, que éstos tienen menos capacidad para acumularse en el tejido adiposo, y por último, su no intervención en el ciclo del colesterol, mientras que en los demás sí intervienen en el mismo, aunque esta cuestión merece una mayor profundización antes de refirmarse tan categóricamente.

En relación con esto último, los datos más relevantes sobre la relación entre el consumo de grasas saturadas y los niveles de colesterol plasmático, y en correspondencia con las enfermedades cardiovasculares, corresponden al llamado estudio de los *siete países* dirigido por Keys y colaboradores en la segunda mitad del siglo pasado, en que demostraron que el suministro de grasas saturadas correspondiente a más del 15% de la ingesta energética diaria, se correspondía directamente con el incremento de los niveles de colesterol plasmático. Este estudio fue corroborado y ampliado posteriormente por otros investigadores, que encontraron que si se sustituía una parte de ingesta de **AGS** por otra de **AGI** (sustitución del 5% de la ingesta energética) el riesgo podía disminuir hasta aproximadamente un 40%. Esto determinó la importancia del tipo de grasa de consumo y la relevancia que han tomado las grasas monoinsaturadas y poliinsaturadas para evitar o disminuir las enfermedades cardiovasculares.

En estudios posteriores, algunos investigadores han comprobado que la cantidad de ingesta de **AGS** influye sobre las **ECV** y que ingestas pequeñas o moderadas no muestran un efecto significativo en esta dirección, por lo que no es recomendable eliminarlos totalmente de la dieta, sino más bien restringir o moderar su consumo. Tampoco sustituir su rol energético por azúcares y otros carbohidratos, por cuanto el organismo precisa de éstos ácidos.

Es también necesario destacar, que el propio organismo humano sintetiza determinada cantidad de ácidos grasos, y que por otra parte no todos los **AGS** muestran el mismo efecto. Así, los de mayor incidencia y que aumentan más significativamente los niveles de lipoproteínas de alta densidad (HDL) y de baja densidad (LDL) son los ácidos grasos saturados con cadenas entre 12 y 16 átomos de carbono (láurico (C12:0), mirístico (C14:0) y palmítico (C16:0), de los cuales el mirístico es el que mayor incide desfavorablemente, seguido por el láurico y por último el palmítico. Sin embargo no observaron esa tendencia en el ácido esteárico (C18:0). (*Nurses Health Study*. USA).

De acuerdo con lo anterior, y habida cuenta que en el

perfil lipídico del aceite de coco las concentraciones de los ácidos de cadena entre 12-16 átomos de carbono superan al de los demás ácidos y alcanzan un valor de aproximadamente el 74%, esto es, cerca de las tres cuartas partes, se manifiesta cierta contradicción con lo que exponen los que consideran las ventajas de los **AGSCM** sobre las **ECV**, máxime si dentro del perfil lipídico del aceite de coco se observa que solo el 2,5% corresponde al ácido esteárico, que a pesar de ser un ácido graso común en muchos aceites y en grasas sólidas animales como el lardo (14,(%) y el sebo 19,5%) y la mantequilla (8,9%), no muestra correlación con las **ECV**.

En contraposición a esto, se demostró en el mismo estudio de referencia, que los ácidos grasos de cadena entre 4-10 no modificaron el riesgo de **ECV**. Es necesario tener en cuenta que esta investigación se realizó con más de 80 mil mujeres durante 14 años. Este último dato, sin embargo, aporta datos a favor del beneficio de los **AGSCM** y dentro de los cuales se encuentran el ácido caprílico (**C8:0**) y el ácido cáprico (**C10:0**) cuya cuantía resulta ser ligeramente significativa en el aceite de coco, pues entre ambos suman un 14%, aspecto que lo diferencia del perfil lipídico de los aceites comunes, salvo de los que proceden de palmeras, que guardan similitudes con el cocotero.

Se considera que los **AGS** inciden en la disminución de los receptores de las lipoproteínas de baja densidad (**LDL**) con lo que las proporciones de éstas se ven menos disminuidas y por consiguiente se incrementan los niveles de colesterol. También que estos ácidos incrementan la emisión de lipoproteínas de muy baja densidad (**VLDL**) que disminuye la degradación de apoproteina **B-100**, lo que se traduce en un incremento de colesterol y de los triacilglicéridos (**TAG**). Todo esto a través de diferentes mecanismos metabólicos.

Con estos elementos y otros más recogidos en la literatura clínica, se hace difícil defender la no incidencia de los **AGSCM** sobre las **ECV** y esto no de forma positiva. No obstante, en lo referente a la incidencia positiva sobre la eliminación o atenuación del efecto de las placas de la proteína amiloide-β en el cerebro, se manifiestan opiniones sobre el efecto beneficioso de los triacilglicéridos de cadena media habida cuenta que el alzheimer esta relacionado con la hiperglicemia, en este sentido también se habla de la necesaria combinación con otros factores como son una dieta balanceada con disminución de los carbohidratos, incremento de vegetales frescos, y una adecuada hidratación. Todo esto combinado con determinadas dosis de aceite de coco virgen, Sin embargo, parece razonable esperar nuevas investigaciones que aporten datos cuantitativos sobre el posible efecto o no del aceite de coco sobre la disminución o ralentización del alzheimer, antes de extraer conclusiones significativas.

En lo que respecta al empleo del aceite de coco como alimento, y su efecto sobre la salud, se presentan opiniones dispares, por lo que algunos se muestran defensores a ultranza, y otros, en virtud a su elevada concentración de **AGS**, cercano al 90%, consideran que éste incide negativamente sobre el daño aterogénico, independientemente que la mayoría de los ácidos grasos que contiene sea de cadena menor que en el de los demás aceites convencionales.

Atendiendo a lo que expresan las organizaciones internacionales para la salud, habida cuenta de la alta concentración de **AGS**, la mayoría son del criterio de moderar o atenuar su uso como alimento, donde se incluyen: la **OMS** (Organización Mundial para la salud), en Estados Unidos la Administración de Alimentos y Medicamentos, el Departamento de salud y Servicios Sociales, así como en el Reino Unido: El Servicio Nacional de Salud.

Los elementos que apoyan sus planteamientos están relacionados con la elevada concentración de ácido láurico, que contiene (cerca del 50%).

El ácido láurico: (ácido n-dodecanoico): $CH_3(CH_2)_{10}COOH$, es un ácido graso saturado de doce átomos de carbono, cuya longitud de cadena, como se puede apreciar, es menor en cuatro átomos de carbono que la del ácido palmítico: $CH_3(CH_2)_{14}COOH$ y 6 menos que la del esteárico: $CH_3(CH_2)_{16}COOH$.

Por otra parte y para finalizar, la controversia se ha centrado en tratar de ver el aceite de coco como un fármaco, lo que se restringe las posibilidades de empleo de este producto, por cuanto debe tratarse y verse tal cual es: un aceite vegetal de composición original y compleja cuyos usos deben centrarse en su perfil lipídico y en las múltiples posibilidades de empleo derivadas de éste, claro está, y de acuerdo a nuestro análisis centrado en verlo como un **ingrediente o producto alimentario**.

CAPÍTULO II

PERFIL LIPÍDICO DEL ACEITE DE COCO.

Hasta ahora, en esta parte introductoria se han mencionado con frecuencia diferentes ácidos grasos componentes del aceite de coco, por lo que es recomendable centrarnos de momento en su perfil lipídico:

Perfil de ácidos grasos vegetales (g/100 g) en el aceite de coco.

C8:0 Caprílico   8
C10:0 Cáprico   6
C12:0 Láurico   47
C14:0 Mirístico 18
C16:0 Palmítico   9
C18:0 Esteárico   2.5

AGS 90.5
C18:1 Oleico   7

AGMI 7
C18:2 Linoleico 2.5

AGPI: 2,5

Es necesario destacar que en el mercado se nos presentan varios tipos de aceite de coco que difieren ligeramente en su composición. Nos detendremos preferentemente en el aceite de coco virgen obtenido por presión en frío sobre la masa de coco (copra) molida, que contiene los ingredientes básicos originales de la masa de coco sin ser sometido a procesos de calentamiento o de refinación, y al aceite **RBD**, que es el aceite de coco refinado sometido a procesos de purificación semejantes al de los demás aceites comunes refinados, aunque con algunos matices.

II.1 ACEITE DE COCO RBD.

El aceite de coco **RBD** se presenta como un líquido de color amarillo claro, a temperaturas superiores a los 26 C, debajo de esta temperatura es sólido, de color blanco, inodoro y exento de aromas y sabores extraños.

Físicamente presenta una temperatura de fusión de 24C, o ligeramente superior, lo que depende de su composición, origen y el método de refinación, pero nunca superior a los 27C

Desde el punto de vista químico presenta las siguientes características:

1. Índice de yodo g(I_2)/100 g = 8.0 – 12.0
2. Índice de acidez (láurico) máxima: 0,06
3. Índice de peróxidos meq O_2/Kg. máxima: 10.0
4. Composición de ácidos grasos % .

-Caprílico (8:0): 6.0 – 10.0
-Cáprico (10:0): 5.0 – 8.0
-Láurico (12:0): 44.0 – 50.0
-Mirístico (14:0): 16.0 – 20.0
-Palmítico (16:0): 8.0 – 11.0
-Esteárico (18:0): 2.0 – 4.0
-Oleico (18:1): 4.0 – 11.0
-Linoleico (18:2) 1.0 – 3.0

Salta a la vista, tan pronto observar el perfil lipídico del aceite de coco, la elevada proporción de ácidos grasos de menor tamaño de cadena molecular que los acostumbrados a encontrar en otros aceites básicos, en esencia, de los aceites más comunes: girasol, colza, palma africana, soja y maíz. Estos ácidos son: el (**C12:0**), Láurico (47%), y (**C14:0**), Mirístico (18%), también que las concentraciones de ácidos (**C8:0**) Caprílico (8%) y (**C10:0**), Cáprico (6%), no son nada despreciables, y por último que la concentración de (**C18:1**) ácido oleico es mucho más baja que en cualquiera de los demás aceites comestibles básicos, que en el menor de los casos siempre se encuentra por encima del 15%.

Por ejemplo, para las siguientes grasas, las concentraciones de ácido oleico rondan estas proporciones:
Manteca de cerdo: 35-40 %

Mantequilla: 22 %

Aceite de Soja: 20-25 %

Aceite de Maíz: 25-30 %

Aceite de Girasol: 30 %

Aceite de Palma: 38 %

Sebo: 40 %

Aceite de Colza: 45 %

Aceite de Oliva: 65-70 %

Generalmente, en los aceites vegetales la composición de los ácidos grasos principales de cadena menor que 16 átocos de carbono es relativamente poco significativa, lo que nos indica que nos encontramos ante un aceite con un perfil lipídco muy particular.

No obstante, composiciones semejantes de ácidos grasos como las del aceite de coco se presenta en otras palmeras como se aprecia en la tabla siguiente, donde se comparan los perfiles ácidos en % de las palmeras: Oleosa, de Babasu y Coco.

Ácidos grasos	Palmera Oleosa	Babasu	Coco *
Caprílico	6	4,5	8
Cáprico	4	7	6
Láurico	47	45	47
Mirístico	16	16	18
Palmítico	8	7	9
Esteárico	2,5	4	2,5
Total AGS	**83,5**	**83,5**	**90,5**
Oleico	14	14	7
Total AGMI	**14**	**14**	**7**
Linoleico	2,5	2,5	2,5
Total AGPI	**2,5**	**2,5**	**2,5**

* Fuente: Belitz y Grosch (1997).

También el aceite extraído del palmiste (parte central coprosa del fruto de la palma africana), presenta una composición semejante que la del aceite de coco, así vemos que en los ácidos grasos principales de cadena media, este aceite presenta el siguiente perfil:

II.2.-PERFIL LIPÍDICO DEL ACEITE DE PALMISTE RBD.

-Caprílico (8:0): 1,9-6,2
-Cáprico (10:0): 2,6-5,0
-Láurico (12:0): 40,0 – 55,0
-Mirístico (14:0): 14,0 – 18,0
-Palmítico (16:0): 6,5-10,3
-Esteárico (18:0): 1,3-3,0
-Oleico (18:1): 12,0-21,0
-Linoleico (18:2) 1,3 – 3,5.

La semejanza resulta notable, si bien éste último presenta una proporción mayor de ácido oleico, también se reportan entre los indicadores comerciales de este aceite la presencia de muy pequeñas cantidades de otros ácidos grasos: caproico: (**C6:0**) (0,0-8,0), linolénico: (**C18:3**), entre otros. Sin embargo, una comparación entre ambas palmeras no sería recomendable, habida cuenta que en el proceso de obtención de los aceites de palma se emplea todo el fruto, no solo la semilla coprosa central, aunque estos datos se refieren al aceite de esta almendra.

El que la proporción de ácido oleico monoinsaturado en el aceite de coco sea relativamente baja y menor que en los demás aceites, podría suponer que éste realiza una menor protección del sistema endocrino y circulatorio en general, y por ser los ácidos con mayor representación en el aceite de coco saturados, también que pudiesen tener un efecto aterogénico negativo sobre las concentraciones de **LDL** y colesterol.

Por todas estas razones sería sorprendente que el aceite de coco tuviese alguna representatividad en el mercado de los aceites comestibles, y más bien su uso estuviese dirigido a la industria de los cosméticos, donde sí al parecer hay pruebas de su beneficio para el tratamiento de la piel y el cabello.

Por otra parte, y en sentido práctico, parecería poco beneficioso desde el punto de vista económico el empleo de la masa de coco para obtener aceite y no emplearlo en la industria alimenticia, dadas las bondades de éste, sobre todo en la industria de las confituras atendiendo a su relativamente alta temperatura de fusión, así como la de su manteca hidrogenada.

Sin embargo, en relación a estos aspectos, e independientemente de lo discutido en al inicio sobre su efecto sobre la salud, la realidad es que este aceite se produce y se comercializa en el mundo en una escala significativa con un volumen de más de 3,5 MTM, mucho más que aceites como el de oliva 3,2 MTM (datos de 2013). Por lo que es necesario que atendamos una serie de parámetros que estudiaremos más adelante y que justifican este hecho aparentemente anomalo, pero antes detengámonos un momento en las características de la planta y en las bondades del cocotero.

II.3.-PALMA DE COCO.

El cocotero, cuya nomenclatura botánica es *Cocos lucífera Linn* es un tipo de palmera de la familia arecaceae, alcanza una altura de unos 30 m y produce un fruto de gran tamaño: el coco. Se considera oriunda de Asia, independientemente de algunas polémicas sobre su posible origen en América. Los principales productores son: Indonesia, Filipinas e India entre muchos otros, pues es una planta tropical que se ha extendido ampliamente en todo el planeta.

El fruto, dada su alta resistencia, es un incesante viajero marítimo responsable de la principal vegetación de muchos islotes y atolones del Pacífico, donde han sido llevados por tifones, tormentas y por las corrientes marítimas hasta estos lugares. Una vez tocar tierra, aunque sea arenosa, germina y es capaz de agarrarse con sus raíces al corredizo y árido terreno.

En estas condiciones, el cocotero crece sin necesidad de fértiles nutrientes hasta alcanzar la esbeltez y la altura que lo hace ser una hermosa planta, a veces solitaria, pero que caracteriza los típicos paisajes tropicales de las islas.

Su madera es lo suficientemente resistente al agua para que sus troncos hayan servido para construir muelles de pequeñas embarcaciones, y también como madera, para que obtenidas de forma laboriosa por los lugareños, se conviertan en los principales tablones que cubren puertas y paredes.

Las hojas del cocotero son de gran tamaño, y llegan a medir hasta más de 3 m de largo. Pueden emplearse en techos y paredes de viviendas rústicas: ranchos, bohíos, cabañas, etc.

El coco, fruto de gran tamaño, puede presentarse en varias coloraciones; verde y amarillento y de tamaño variado. Precisa de temperatura y humedad relativamente altas, condiciones que se dan en las zonas tropicales, aunque es capaz de adaptarse a climas subtropicales). Es un árbol muy resistente, capaz de resistir fuertes vientos, no soporta el frío, ni la altura. El que acepte salinidades altas le permite competir con éxito con otras plantas y que aparezca en playas y terrenos arenosos.

El coco produce un agua refrescante de sabor agradable y característico, que en los últimos años se ha logrado envasar, lo que facilita su comercialización en diferentes lugares del planeta. La masa blanca (copra), dentro del coco, va creciendo hasta llegar a alcanzar dureza y consistencia y contiene entre 60-70% de grasas.

El rendimiento del coco por unidad de superficie cultivada es mucho menor que el de la palma africana y según datos de los cultivos en Filipinas, es del orden de 5TM por hectárea.

II.4.-COMPOSICIÓN DEL FRUTO DEL COCO

En el coco como fruto podemos diferenciar los siguientes componentes.

Cáscara: 15 %
Fibra: 43%
Copra: 30%
Agua: 12%

En la copra de coco:

Aceite: 65%
Pasta; 17,5%
Agua:17,5%

El fruto del cocotero puede llegar a pesar hasta 2kg y dentro de éste se pueden destacar varias partes:

Cáscara gruesa y dura (exocarpio)
Mesocarpio: parte fibrosa
Endocarpio: parte marrón que contiene la pulpa
Endospermo: masa blanca que va endureciéndose con la maduración del fruto.

El producto principal es la masa (copra), aunque el agua de coco envasada amplia constantemente su producción y demanda.

El coco se comercializa como fruta fresca, cuando éste aproximadamente tiene 6 meses, momento en que su contenido de agua rinde entre 250 y 500 ml. Para que la masa alcance un peso y grosor adecuado hay que esperar más de un año o que el fruto caiga al suelo por si solo, en otras palabras, cuando se seca.

La masa se emplea con diferentes fines, no solo para producir aceite, sino que se puede comer directamente o como es común: rallada se emplea en dulcería, pastelería y en general para confituras. Un helado muy original y vistoso es el obtenido a base de coco contenido en su mismo cascarón, libre de la cubierta externa fibrosa (endocarpio), éste se da en llamar *coco glasé*. Una forma de ingerir el agua de coco es en momentos intermedios de su madurez, en que ésta alcanza mayor dulzor y se ha formado una capa de masa blanca suave y blanda de buen sabor. El agua de coco es una bebida isotónica.

Puede que sea un aspecto subjetivo, pero los lugareños entendidos en el asunto, consideran que el agua como mejor se bebe y donde tiene mejor sabor es cuando se consume directamente desde el fruto, lo cual por lo elegante que toma el fruto abierto, es objeto de atención de los turistas que acuden a las playas tropicales, y se ha convertido en foto curiosa y llamativa de las bondades paradisíacas de playas e islas tropicales.

Sin realizar mayores procesamientos, de la copra se extrae un líquido lechoso que triturado y exprimido resulta de gran valor nutricional y que se puede emplear directamente como bebida pura o mezclada, así como en el quehacer culinario.

Además de grasa (35-38%), la copra contiene fibra, generalmente soluble (10-11%), carbohidratos (3-5%), vitaminas (E: 0,7 mg, C: 2,0 mg), y minerales donde destacan el K, Mg, P y Ca.

También, aunque en menor escala, tal vez baja para un fruto, contiene carbohidratos y proteínas.

La cubierta que contiene la copra se emplea en la industria para obtener carbón activado de gran calidad, por lo que a veces ocurre que la obtención del aceite y otros productos del coco se consideran como subproductos en la obtención de este valioso material adsorbente, dada la excelencia del mismo y su alta demanda en el mercado.

Al igual que con otras semillas oleaginosas, la torta prensada obtenida como remanente en la extracción y refinación de aceite se emplea como alimento animal, fundamentalmente para el ganado vacuno.

También la cubierta fibrosa del coco se puede emplear como combustible.

La industria del coco en los principales países productores de Asia ha dejado también su remanente negativo en la deforestación de extensas zonas boscosas derribadas para dedicarlas al cultivo intensivo de esta palmera, aunque con menor incidencia que la palma africana, pero que es necesario tener presente por su daño al medio ambiente y al deterioro del clima en el planeta.

A semejanza del aceite de palma africana, la elevada concentración de grasas saturadas del aceite de coco ralentiza su deterioro, sobre todo el enranciamiento, por lo que puede estar más de seis meses a temperatura ambiente sin sufrir oxidación apreciable, y mucho mayor tiempo bajo enfriamiento, lo que posibilita su empleo en la elaboración de helados, confituras, etc.

No obstante, el que el aceite de coco presente una temperatura de fusión menor que el aceite de palma africana, hace que para su uso en confitería, y en general en la industria de la harina, éste sea sometido a hidrogenación catalítica para su empleo sobre todo en regiones con climas cálidos, lo que se traduce en la obtención de una especie de margarina o manteca de coco, con temperatura de fusión mayor de 35C pero con el handicap que se forman grasas *trans*, con incidencia negativa en las **ECV**.

CAPÍTULO III.

MÉTODOS DE EXTRACCIÓN DEL ACEITE DE COCO.

Se emplean dos métodos básicos: **seco y húmedo**

Seco:

La masa se seca de diversas formas: por calentamiento, mediante fuego, luz solar u hornos, atendiendo a que en muchos lugares se emplean métodos rudimentarios y artesanales de producción. Luego se tritura y una vez obtenida la copra, se presiona o se disuelve, con lo que se obtiene una especie de puré con alto contenido de fibra y proteínas que es de baja calidad para el consumo humano, pero no para animales, preferentemente rumiantes. En ocasiones esta pasta en llamada indebidamente manteca de coco y también constituye un rubro comercial, pero que no es exactamente la manteca o aceite de coco, pues contiene grandes cantidades de fibra, remanentes de humedad y otros componentes propios del fruto.

Húmedo:

Emplea coco crudo para crear una emulsión entre la proteína, y el aceite, y el agua. Posteriormente hay que romper la emulsión - aspecto algo complicado- para separar el aceite. Puede hacerse por calentamiento prolongado, pero el aceite resultante es de muy baja calidad y se elevan los costos del proceso, al tener que aumentar la temperatura del producto.

Modernamente se emplean centrifugadoras y pretratamiento en frío mediante ácidos, sales, etc.

En comparación, pese a las mejoras tecnológicas, el tratamiento húmedo es menos eficiente y el rendimiento es menor en más de un 10%. Por otra parte, el equipamiento tecnológico es más complejo y costoso.

También el método de empleo tiene que ver con el proceso de maduración y recogida del coco y su grado de sequedad, siempre es recomendable trabajar con la copra lo más madura posible.

Al igual que en la extracción de otros aceites vegetales, el n-hexano resulta ser un disolvente conveniente. Luego de ser tratada la masa se refina el aceite para eliminar ácidos grasos libres y otras sustancias que se mantienen como impureza, y que pueden acelerar el enranciamiento.

En esencia, existen diferentes procesos de extracción y producción, desde los más simples, elementales y rudimentarios, hasta otros con tecnología y equipamiento avanzado, semejantes a los empleados en la obtención de la mayoría de los aceites comestibles.

Para obtener 100 L de aceite de coco se necesita alrededor de una tonelada de coco bruto, o lo que es igual, aproximadamente 240 Kg. de copra seca.

El procesamiento en seco requiere que la masa se extraiga de la cáscara y se seque usando fuego, luz solar, u hornos para eliminar la humedad de la copra. Luego ésta se presiona o se dispersa con disolventes. De esta manera se produce el aceite de coco bruto y un remanente sólido de alto contenido de proteínas (puré de alto contenido de fibra). El puré es de baja calidad para el consumo humano y en su lugar se alimenta al ganado vacuno u otro tipo de rumiantes; no existe, o no se ha puesto en práctica, aún un proceso para extraer proteína a partir de la masa. Una porción del aceite extraído de copra se pierde en el proceso de extracción.

Un producto relacionado con esta industria, la leche de coco, se obtiene exprimiendo la masa de coco molida con agua y extrayendo el aceite.

Una técnica más moderna **RBD** (refinado, blanqueo y desodorizado) emplea copra seca bajo prensado en caliente, con lo que se extrae la casi totalidad del aceite (alrededor del 60% de aceite por peso de coco) con lo que se produce un aceite crudo aún no listo para el consumo, por lo que debe ser refinado con un calentamiento adicional para eliminar las sustancias polares de baja masa molecular y posteriormente filtrado. A este aceite se le llama **aceite RBD** y es el más común en el mercado.

Existen otras técnicas que incluyen procesos enzimáticos con lo que se obtienen aceites de alta calidad. Es necesario destacar que el aceite de coco refinado pierde el sabor y el olor del coco natural, pero no sufre afectación significativa en sus componentes lipídicos, y si lo necesario son los **AGSCM**, según lo que se recomienda en algunos usos, no es necesario acudir al aceite de coco virgen, para el cual aún no existe una certificación apropiada, aunque en algunos países, como Alemania, se trabaja en este sentido.

TECNOLOGÍA PARA PRODUCIR ACEITE CRUDO DE COCO

-Recepción de la materia prima y revisión de su estado para desechar los frutos deteriorados.

-Separación de la copra del resto de los componentes del coco, incluyendo el agua y la dura capa fibrosa exterior. Esta última se puede emplear para producir carbón activado y el caparazón y la cubierta externa como combustible en la fábrica, o para uso externo.

-Molida de la copra hasta obtener partículas finas.

-Secado a temperatura moderada mediante aire caliente a 60C, con lo que se elimina cerca del 55% de la humedad y no se afectan las cualidades de la masa.

-Extracción con disolventes orgánicos aplicados a la masa molida y seca. Generalmente se emplea n-hexano, también a 60C con lo que se solubiliza el aceite. Se han ensayado a escala de laboratorio otros disolventes como etanol y acetato de etilo, pero su rendimiento es mucho menor, y para la separación del disolvente se necesitan mayores temperaturas.

-Separación de la mezcla de n-hexano y aceite de la masa sólida residual. Esta masa residual, una vez separado el resto del disolvente, se lavará y secará para posteriormente ser empleada como alimento animal.

-Evaporación del disolvente para separarlo del aceite, lográndose más de un 90% de rendimiento, dependiendo del método y el equipamiento empleado. El aceite obtenido es conocido como aceite crudo y se pasa al proceso de refinación, o se emplea con fines generalmente no comestibles.

Aunque en el proceso descrito anteriormente para obtener aceite de coco crudo o bruto, se ha empleado el método de extracción con disolvente, la industria del coco es muy versátil tanto como el propio fruto, por lo que existen diferentes métodos simples, desde los más artesanales, dependiendo de los medios y tecnologías disponibles por los productores, incluyendo hasta la molida utilizando energía animal, como por ejemplo existen plantas artesanales de este tipo en Indonesia y otros países asiáticos.

Entre los métodos principales de extracción destacan:

-Extracción a presión:

Mediante prensado a través de un tamiz que deja pasar el aceite, y queda retenido en éste la masa sólida. El rendimiento de aceite depende de la presión ejercida en las prensas, con lo que se obtiene un aceite virgen que conserva las propiedades del fruto: sales minerales, antioxidantes, vitaminas, aroma, sabor, olor, etc. No se sobrepasa un 90% de extracción del aceite, por lo que la torta o harina remanente se queda con más del 10% de materia oleaginosa.

-Extracción con disolventes orgánicos:

Anteriormente resumido. Es un método más eficaz, aunque se aleja del empleo artesanal de los pequeños productores y se logran extracciones de alrededor del 95% del aceite o más, dependiendo de las técnicas de operación empleadas y del equipamiento. Este método posibilita la reutilización del disolvente empleado (n-hexano) que presenta una temperatura de ebullición baja en relación con la del agua, 68,7 C lo que facilita la condensación del vapor una vez enfriado.

-Extracción Mixta:

Se conjugan los dos métodos anteriores: primero una extracción por prensado y después una segunda extracción de la torta rica en aceite con n-hexano. Con este método se logra un rendimiento mucho mayor.

REFINACIÓN.

El proceso de refinación del aceite de coco no presenta mayores inconvenientes y es similar al que se emplea con los demás aceites comunes, incluso con condiciones no drásticas de calentamiento, sin embargo, es necesario destacar que el sabor dulzón y aromático del aceite crudo se elimina durante el proceso. El blanqueado no incluye procesos químicos, atendiendo a las propias características del aceite crudo, y se limita a una exigente filtración, generalmente con arcillas blanqueadoras para remover las impurezas colorantes y de otro tipo. El aceite obtenido es el conocido como **RBD** (refinado, blanqueado y desodorizado), antes mencionado.

La desodorización se realiza mediante vapor de agua, y al final se obtiene un producto de sabor suave y con ligero olor. Por lo poco drástico del método en el empleo de calor y productos químicos sus diferencias con el aceite virgen desde el punto de vista de la salud son menores, y los aceites **RBD** no se han reportado que tengan incidencias en ésta.

Los aceites **RBD** son los principales productos del mercado atendiendo a su presentación y durabilidad, muy superior a los vírgenes. Hablar de aceites ecológicos en el caso del aceite virgen resulta un tanto equivocado por cuanto las plantaciones de coco generalmente no son tratadas con herbicidas y pesticidas y mucho menos con abonos. El decir que un cocotero es ecológico resulta en un concepto erróneo salvo que se demuestre que se emplean otros métodos culturales de cultivo, por cuanto los cocoteros son generalmente plantas que pueden crecer exentas de tratamientos químicos y en suelos poco exigentes.

Durante el proceso de refinación no cambia de forma apreciable el perfil lípídico del aceite de coco, aunque sí se pierden, como es natural, algunos componentes hidrosolubles y otros que se degradan por efecto del calor, pero como este proceso no es drástico su afectación no será muy significativa. Las diferencias básicas, por esto, está como en otros aceites refinados en los antioxidantes. Sin embargo, en tratamientos ante diferentes enfermedades como el alzheimer, los propulsores de este método prefieren el emplearlo de forma virgen, obtenido directamente por prensado.

Como el aceite de coco es elaborado a partir de copra, la cual puede haber recibido algún proceso de secado o almacenamiento prolongado, emplear el concepto de aceite virgen no es exactamente correcto, salvo que la masa de coco fuese directa e inmediatamente sometida al proceso de extracción, como se hace con los olivos, que se someten a extracción menos de 24 horas después de ser recogidos en el campo.

En el caso de la masa de coco, una vez separada del fruto comenzará a participar como un aceite más en los procesos de oxidación, enranciamiento, etc., pero generalmente en una escala menor, dada su alta proporción de **AGS** - sobre el 90% - que hace que este proceso resulte más lento y ralentizado. De todas formas, se respeta que se emplee el concepto de aceite de coco virgen con que aparecen etiquetados los aceites no sometidos a refinación.

HIDROGENACIÓN DEL ACEITE DE COCO Y ÁCIDOS GRASOS TRANS.

Como otros aceites más, el aceite de coco **RBD** puede someterse a procesos de hidrogenación catalítica, lo que se hace generalmente para elevar su temperatura de fusión y obtener una masa sólida con fines al empleo en la industria alimentaría, sobre todo en procesos donde se incluya el aceite y los productos vayan a expenderse y consumirse a temperaturas por encima del punto de fusión del aceite.

El aceite resultante por hidrogenación alcanza un intervalo de temperaturas de fusión entre 36-40 C, lo que satisface los requisitos de la industria alimentaria. Este proceso no es tan drástico e intenso como en los demás aceites habida cuenta que la concentración de **AGMI** ronda solo un 10% (Oleico + Linoleico) muy inferior al de todos los demás aceites vegetales comunes: Soja: 81,1% (**AGMI**: 24,3 + **AGPI**: 56,8),

Maíz: 78,5 % (**AGMI**: 29,3 + **AGPI**: 49,2); Girasol: 81,8% (**AGMI**: 31,8 + **AGPI**: 50); colza:93,5% (**AGMI**: 64,5 + **AGPI:** 29,0), Oliva: 80,9% (**AGMI**: 69,7% + **AGPI**: 11,2) y Palma africana: 13% (**AGMI**: 11,4 + **AGPI**: 1,6)

En el proceso de hidrogenación parcial, los **AGMI** y **AGPI** del aceite de coco, cuya cifra no supera el 10%, se emplean los catalizadores comunes a los utilizados con otros aceites y con ello se incrementan aún más las grasas saturadas, para hacer que éste pase de ser un líquido fluido a una grasa sólida a temperatura ambiente.

Las grasas **trans** formadas por la isomerización de los enlaces de los ácidos grasos insaturados, no favorecen en nada su beneficio para la salud, por cuanto se ha demostrado que tienen una incidencia negativa en las **ECV**.

ACEITE DE COCO VIRGEN Y VIRGEN EXTRA.

Aunque no existen garantías para afirmar que un aceite de coco se extrae de la fruta fresca del cocotero, en el mercado se expenden aceites bajo la nomenclatura de virgen y virgen extra, que en esencia son los que no han sido sometidos a procesos de refinación y que se han obtenido solo por prensado, molienda y separación por filtrado, y según información de los productores, proceden de masa de coco fresca de frutos recién colectados.

Ante esta situación lo más correcto es referirse a aceites de coco virgen que se han obtenido por vía húmeda o seca., lo demás responde a técnicas comerciales.

Extracción seca. Se parte del fruto sometido a un proceso de secado inicial por las diferentes vías existentes y después de triturado se extrae el aceite por prensado y filtración, lo que permite alcanzar volúmenes de producción considerables para saturar al mercado con un "aceite virgen" de coco. Está claro que en cuanto al contenido de nutrientes, es superior al aceite de coco refinado (**RBD**), pero su factibilidad de degradación es mucho mayor, así como el rendimiento de producción, pues se desecha una torta aún rica en aceite. Es el que llamado virgen más abunda en el mercado.

Extracción húmeda:

Se extrae por métodos similares al de la vía seca pero empleando la masa fresca del coco, sin someterlo con anterioridad a algún proceso de secado. En una etapa inicial se obtiene una leche o emulsión de aceite y agua, al prensar y tamizar la mezcla. El aceite se separa posteriormente del agua por diferentes métodos que pueden incluir la ebullición, refrigeración, centrifugación, etc. Es el conocido como verdadero "aceite de coco virgen extra" aunque no hay garantías de que fue obtenido por esta vía.

Un aspecto relevante del aceite de coco es que no se utilizan variedades transgénicas de esta planta, y como apuntábamos anteriormente, tampoco presenta los problemas del empleo de pesticidas como el glifosato, dada la resistencia de esta planta y sus frutos a las enfermedades, y las características de los suelos empleados con poca humedad, arenosos y generalmente áridos, o en suelos pobres de escasos nutrientes. Además, la altitud de los frutos los hace inaccesible a los pesticidas, generalmente rociados en el tronco y la parte inferior de la planta.

El impacto de los métodos físicos (desgomado, blanqueo y desodorización) en la refinación del aceite de coco ha sido estudiado por algunos investigadores, que en esencia reportan como incidencia, la disminución de la concentración de ácidos grasos libres y de agua (humedad). Sin embargo, ocurre un ligero aumento del índice de peróxidos después de la desodorización, y como era de esperar, disminuyen los tocoferoles a través de las diferentes etapas, aunque en el blanqueo es donde se encontró la mayor pérdida.

HIDRÓLISIS DEL ACEITE DE COCO

Muchos coinciden en afirmar que los ácidos grasos saturados de cadena media componentes del aceite de coco, y que aparecen en éste en forma de triacilglicéridos, son más fáciles de metabolizar por el organismo, incluso que pueden disminuir los indicadores de obesidad, incluyendo los niveles de almacenamiento de grasas, por cuanto éstos se metabolizan con mayor rapidez que los de cadena larga. Atendiendo a esto y otros factores industriales, se han realizado estudios para aislar y obtener los ácidos de forma libre, no como triacilglicéridos, lo que implica la hidrólisis de éste de acuerdo a la siguiente reacción:

TAG + H2O = AGL + Glicerina

Esta reacción en el organismo es acelerada mediante catálisis enzimática en la que intervienen diferentes enzimas, pero en el laboratorio esto se puede modelar mediante el empleo de microorganismos que produzcan estos catalizadores bioquímicos, por ejemplo: *Cándida cylindracea*, proceso que demora más de dos días y en el cual se obtienen rendimientos entre el 80-90%, correspondiendo la concentración de ácidos grasos obtenidos semejante a la propia del aceite en ácidos de igual naturaleza.

CAPÍTULO IV

INDICADORES ECONÓMICOS.

De acuerdo con los datos que contamos sobre la producción de aceite de coco y su ubicación en relación con otros aceites, éste ocupaba el 9no. lugar en 2009, de acuerdo con la siguiente lista.

Producción mundial de aceites vegetales, 2008/2009 (MTM)

Aceite de palma (fruta): 43,20
Aceite de soja: 38,11
Aceite de colza: 19,38
Aceite de girasol: 11,45
Aceite de algodón 4,94
Aceite de palma (semilla) 5,10
Aceite de maní 4,93
Aceite de coco 3,62
Aceite de oliva 2,97

Fuente: "Oilseeds: World Markets and Trade". FAS-USDA. Octubre de 2008.

En 2014 esta producción se había elevado alrededor de un 20% y fue de 3,54 MTM. Los máximos productores fueron: Filipinas, Indonesia, India, Vietnam y México. En cuanto a exportación, los principales países fueron, en el siguiente orden: Filipinas, Indonesia, Malasia, Papua Nueva Guinea y la Unión Europea (UE), aunque esta última juega un doble papel particular al importar y exportar a la vez. Los máximos importadores fueron: UE, EE.UU.,

Malasia, China y Corea del Sur, mientras los máximos consumidores fueron: Filipinas, UE, EE.UU, India e Indonesia.

En el orden monetario, los datos de 2016 indican que se comercializó aceite de coco por un valor de $5,83 miles de millones, realizados por: Indonesia: 47%, Filipinas: 20%, Malasia 17% y el resto del mundo un 7%.

Dentro de los cálculos anteriores, los principales exportadores de aceite de coco fueron: Indonesia ($2,73 miles de millones), Filipinas ($1,14 miles de millones), Malasia ($976 millones), los Países Bajos ($406 millones) y Sri Lanka ($93,3 millones).

Por otro lado, los principales importadores son los Estados Unidos ($1,23 miles de millones), China ($873 Millones), Alemania ($727 Millones), los Países Bajos (688 millones) y Malasia ($477 millones).

La UE demanda para su industria y para el consumo, grandes cantidades de aceites vegetales, dentro de los que destaca sobre todo el aceite de palma, seguido del de oliva, entre otros aceites demandados se encuentran el de coco, donde este grupo de países se sitúa como uno de los principales mercados y dentro de ellos Alemania y los Países Bajos. Este último como era de esperar dado el caso que hasta mediados del siglo XX Indonesia, principal productor era una colonia sobre la que ejercían el papel de metrópoli y controlaban su economía.

El aceite de coco es utilizado en un 63% por la

industria alimenticia, especialmente para la elaboración de comidas, margarinas, manteca para confitería, panadería, leche saborizada, entre otro

Una parte del aceite de coco se emplea en la producción de biocombustibles, aunque no es representativo en relación con otros aceites vegetales, como el de maíz, o el de palma, por ejemplo.

En lo que respecta al coco como fruto, el volumen mundial de producción ascendió a 57,5 MTM en 2006 y a 61,09 MTM en 2008 lo que representó un incremento de 3,59 MTM y porcentual de más del 6%. Este volumen de producción se ha mantenido ligeramente estable y en 2012 ascendía a 59,98 MTM como se muestra en la tabla anexa en que se incluyen también datos de 2015, que muestran que se mantiene esta tendencia a la estabilidad.

Como también se puede apreciar, la mayor parte de esta producción se centra en el continente asiático, seguido a gran distancia por América, lo que era de suponer al ser el cocotero una planta de clima tropical. Pese a esto, hay que tener en cuenta el rol dinámico de la UE en este renglón de producción como importador y reexportador.

PRINCIPALES PAÍSES PRODUCTORES DE COCO: 2012 Y 2015

PAÍS	PRODUCCIÓN (MTM)	
	2012	2015
INDONESIA	18,00	19,50
FILIPINAS	15,86	18,30
INDIA	10,56	11,93
BRASIL	2,89	2,82
SRI LANKA	2,00	2,20
VIETNAM	1,25	1,31
TAILANDIA	1,10	1,01
MÉXICO	1,05	1,10
PAPUA NUEVA GUINEA	0,90	1,20
MALASIA	-	0,61
BIRMANIA	0,43	-
GLOBAL MUNDIAL	**59,98**	-

Fuente (2015): Food And Agricultural Organization of United Nations: Economic And Social Department: The Statistical Devision Cocoteros S. A.

Del coco, el aceite constituye el principal producto comercializado en la UE y a la vez el importado, más del 90% en forma de aceite de coco crudo, sus principales fuentes de importación son los países asiáticos, entre los cuales destacan, sobre todo: Filipinas, Indonesia, Papua Nueva Guinea y Malasia. Datos de 2008 indican que la UE importó ese año 660,37 MTM de aceite de coco.

También el coco como fruta es un renglón importante de importación de la UE y datos de 2008 indican que sus importaciones fueron de 111,22 MTM, principalmente como coco desecado (70,7%) procedente fundamentalmente de Filipinas, Indonesia y Sri Lanka. El coco, de otra forma, (29,3%) llegó de Costa de Marfil, Sri Lanka y República Dominicana.

IV.1- USOS DEL ACEITE DE COCO.

Aunque a lo largo del análisis se han expuesto algunas de los principales usos del aceite de coco, en resumen, podríamos citar los siguientes:

En la alimentación. Dentro de los usos del aceite de coco en la alimentación se pueden citar su empleo para freír, confitería y pastelería por su sabor dulzón (virgen), palomitas de maíz, sustituir grasas sólidas, helados, cremas lácteas, etc.

El aceite de coco como biocombustible posee buenas propiedades por lo que se puede emplear en motores diesel de transporte atendiendo a su elevada temperatura de gelificación, viscosidad y otros parámetros adecuados en el proceso de combustión, también como lubricante.

En cosmética y cuidado de la piel tiene un importante uso así como para el cabello, los jabones obtenidos producen abundante espuma y posee cierta acción antimicrobiana, rinden también más que sus símiles convencionales porque retienen más el agua, también son más duros.

Por último, queremos volver a dejar constancia que el aceite de coco es ante todo un aceite vegetal alimentario, más que un fármaco o un combustible industrial, por lo que su consumo debe hacerse de forma similar al de cualquier aceite de vegetal, esto es, en cantidades moderadas, no excesivas y de acuerdo con las demandas y necesidades del organismo. Por las expectativas que están surgiendo en el tratamiento de diversas enfermedades debe estarse muy atentos y realizar un uso seguro cuando existan pruebas concluyentes sobre su eficacia ante una determinada patología, mientras tanto reconocer, que hasta ahora es esto: *un aceite vegetal rico en hidrocarburos saturados de cadena media.*

CAPÍTULO V.

OTRAS PALMERAS CON ACEITES SEMEJANTES AL DE COCO.

El coco y la palma africana no son las únicas *Arecaceaes* que producen nueces o almendras con alto contenido de ácidos grasos saturados de cadena media, diferentes palmeras distribuidas por todo el mundo, preferentemente en zonas tropicales, presentan este tipo aceite en la composición de sus semillas, aunque su explotación, sobre todo industrial, resulta limitada

Dentro de estas palmeras podemos mencionar:

Acrocomia aculeata (corozo).

Acrocomia crispa (corojo).

Attalea speciosa (babasu).

Elaeis oleifera (palma americana).

El perfil lipídico comparativo de los aceites extraídos de estas palmeras, incluyendo el de coco se muestra a continuación:

	ÁCIDO	CRISPA	NUCIF.	GUINE.	ACULE.	BABASU
C8:0	1,75	6,95	2,65	5,80	4,5	
C10:0	2,55	6,39	6,90	3,70	7,0	
C12:0	38,0	50,0	46,3	45,0	45,0	
C14:0	15,3	19,2	16,9	12,8	16,0	
C16:0	9,5	8,6	7,0	7,8	7,0	
C18:0	3,7	2,32	1,3	3,1	4,0	
C18:1	23,7	5,5	18,3	18,7	14,0	
C18:2	5,0	5,5	-	3,1	2,5	
C18:3	0,15	1,0	-	-	-	
AGS	**70,9**	**93,5**	**81,73**	**80,3**	**83,5**	
AGMI	**23,7**	**5,5**	**18,3**	**18,7**	**14,0**	
AGPI	**6,15**	**6,5**	**-**	**3,1**	**2,5**	

ACROCOMIA ACULEATA (COROZO)

La *acrocomia aculeata,* o corozo, es una palmera oleaginosa que se encuentra ampliamente extendida en los bosques tropicales de América, incluyendo algunos países caribeños, pero fundamentalmente en el Sur de México, Centroamérica, Venezuela y Colombia, entre otros, llegando incluso a Paraguay, donde se realiza su explotación industrial a pequeña escala.

Puede habitar en suelos pobres, incluso los arenosos, pero no los anegados, preferentemente en terrenos llanos y alturas menores a los 1000 m, y en sabanas abiertas y abandonadas.

Esta planta, como otras palmeras, posee diferentes nominaciones según la región donde se encuentre: Se le conoce como cocoyol en México y Coyol en Centroamérica, así como Corozo en Colombia,

Venezuela, entre otros.

La *acrocomia aculeata* es un tipo de palma que alcanza una altura promedio de unos 15 m, posee una corteza plana y oscura, tiene espinas largas y puntiagudas que pueden llegar hasta más de 1 dm de largo, de las que deriva su nombre de *aculeata*. Sus hojas son persistentes y pinadas, y pueden alcanzar los 3m de largo o más; son de color verde claro y cada árbol posee entre 10 a 30 hojas.

Las flores del corozo presentan inflorescencias donde predomina el color amarillo oscuro al pardo, las masculinas se encuentran ubicadas en la parte superior y las femeninas en la parte inferior. Sus principales polinizadores son *Curculionidae nitidulidae y Escarabaeidae*.

Al igual que en otras *arecaceaes* la germinación del corozo es lenta y puede tardar entre 1 a 5 años para nacer, una vez germinada crece con rapidez. Su raíz profunda la hace poco vulnerable a incendios y sequías y es muy resistente a las plagas, solo un gusano el B*rassolos sophorae* ataca las hojas, pero no mata la planta.

El fruto del corozo es redondeado, con un diámetro de 3 a 4 cm, la planta puede producir hasta 7 u 8 racimos por año.

El fruto maduro es de color amarillo y de estructura quebradiza, con un mesocarpio fibroso rico en caroteno. El exocarpio es delgado, duro y de tonalidad oscura. Por dentro es blanco con sabor semejante al del coco. Los frutos maduran poco más de un año después de la inflorescencia y rinden 400 o 500 por racimo lo que equivale a más de 70 kg de fruto/año. La planta fructifica a los 4 o 5 años de nacida.

El contenido de aceite por fruto se encuentra entre un

20-40%. La parte central del fruto o almendra constituye entre el 7-10% y su contenido en aceite se encuentra entre el 20-45%. El rendimiento de aceite por hectárea en terrenos silvestres, es de 2,5 TM, pero debe alcanzar mayores cifras bajo cultivo intensivo.

La composición aproximada de las semillas es:

Grasa: 40,0%

Carbohidratos: 34,0%

Humedad: 6,7%

Proteínas: 17%

Fibra: 22,7%

Cenizas: 2,3%

Etapas del Flujo tecnológico para obtener aceite crudo de corozo:

1. **Recolección** de las semillas y traslado a la planta de extracción.

2. **Secado** para eliminar la mayor cantidad de humedad posible.

3. **Trituración** para romper el fruto en sus partes integrantes.

4. **Separación** de la almendra del resto de los componentes.

5. **Molienda** de la almendra en partículas finas para

favorecer la extracción del aceite.

6. **Prensado** para extraer el aceite.

Algunas propiedades físico-químicas del aceite de corozo:

Parámetro	Aceite crudo	Aceite refinado
Temp. eb. (C). -------	231,5 --------	234,5
Densidad (g/cm^3) (25C) ---	0,921 -------	0,918
Índice de refracción -------	1,4550 ------	1,4553
Índice de Yodo cg/g ------	21,3 --------	21,0
Índice de sapon.KOH mg/g --	230 -------	250

Perfil lipídico del aceite de corozo crudo y refinado (%)

ÁCIDOGRAS.	CRUDO	REFINADO.
C8:0 ---------------	5,80 -------	6,65
C10:0 ---------------	3,7 ---------	4,4
C12:0 ---------------	45 -----------	52
C14:0 ---------------	12,8 ------------	13
C16:0 ---------------	7,8 ------------	7
C18:0 ---------------	3,1 -------------	2,2
C18:1 ---------------	18,7 ---------------	15
C18:2 ---------------	3,1 ------------	2,3

Como se puede apreciar, el contenido de ácido oleico del aceite de corozo se comporta similar que el de la palma africana, mientras que las concentraciones de ácidos cáprico y caprílico se semejan a las del aceite de coco.

Por último, destacar que no se conocen efectos adversos o tóxicos a la planta.

ACROCOMIA CRISPA (COROJO)

La *Acrocomia Crispa* (Corojo), es una popular planta endémica de Cuba, del género *arecaceae*, por lo que guarda muchas semejanzas con sus símiles de América como el corozo (*acrocomia aculeata*), la palma americana (*elaeis oleifera*), el babasu (*aftalea speciosa*), la palma americana (*elaeis oleifera*) y la ampliamente extendida por el mundo: palma africana (*elaeis guineensis*).

Pese a su emparentamiento morfológico con estas *arecaceaes*, su empleo como planta oleaginosa no ha sobrepasado el marco de la explotación artesanal en lugares aislados de la provincia de Camagüey, en Cuba. En esta zona despoblada del país se encuentra ampliamente distribuida en sabanas, pero no en plantaciones agrícolas. Sin embargo, el aceite que produce la almendra de esta planta posee concentraciones superiores de ácido oleico en alrededor del 10% que el de la palma africana, así como su material remanente es rico en proteínas.

Estos indicadores serían más que suficientes para emprender la explotación de esta planta de forma intensiva, sin embargo, diversos factores socioeconómicos han limitado o impedido que esto se lleve a cabo, aunque sí se realizan y han realizado estudios en diversas instituciones científicas del país, incluso para su empleo con fines farmacológicos, dada la posible acción antinflamatoria de sus componentes oleosos.

La popularidad de la planta en la isla caribeña sobrepasa sus usos domésticos, y una frase relativa a ella está ligada a sus luchas independentistas. El hecho ocurrió en el marco de una entrevista entre el entonces Capitán General de la Isla de Cuba, bajo dominio español, Arsenio Martínez Campos y el insigne General y caudillo de las tropas mambisas: Antonio Maceo Grajales, donde éste demostró toda la intransigencia de un pueblo que no se resigna a vivir de rodillas, que dio en llamarse la "Protesta de Baraguá". Al culminar ésta, uno de los patriotas allí presentes proclamó a viva voz ante sus compañeros: "Muchachos, el 23 se rompe el corojo", referido a la continuación de las hostilidades de ambos bandos. También el nombre de la planta está ligado a lugares y sitios, incluso, poblaciones, como el poblado de Corojo en la provincia de Ciego de Ávila en el centro del país.

El corojo como planta se caracteriza por poseer un tronco y hojas espinosas, como su pariente el corozo. Éste es más ancho en el medio que en la parte superior e inferior, por lo que se conoce también como "palma barrigona", nombre extendido a los países hispanoamericano donde se ha logrado extender, mientras que en países de lengua inglesa se le llama "Cuban belly palm".

La planta alcanza una altura media entre 6-8 m, lo que podía favorecer su cultivo en relación con otras palmas como la africana, dada su más fácil recolección al ser mucho más baja que ésta. El tronco culmina en lo alto en una copiosa copa dispersa. El segmento de las hojas es de 2,5 cm de ancho, lampiños en el envés con un nervio medio verde. El espato principal es de alrededor de 1,5 m

El corojo es una planta de difícil germinación y lento crecimiento al principio. Comienza a ser adulta después de los 5 años, en condiciones naturales, porque como decíamos no se conocen cultivos agrícolas intensivos.

Florece en primavera y éstas son de un tamaño ligeramente menor que 1 cm. Sus frutos maduros son de color amarillo, redondos como cocos. Son pequeños como los de las demás arecaceaes mencionadas y alcanzan un diámetro medio de 1,5-3 cm. En condiciones de producción artesanal, el aceite extraído de sus almendras es semisólido y recibe el nombre de manteca de corojo. Además de su valor nutricional y sus diversas aplicaciones como aceite vegetal, éste tiene un amplio uso en determinados cultos sincréticos cubanos (santería).

El fruto del corojo tiene una concentración oleosa entre el 15-20%, de la cual los ácidos graso totales se encuentran en una proporción de alrededor del 95%; y los ácidos grasos libres entre el 1,5-2%.

En el núcleo central, o almendra, el contenido aceitoso es del 74%, con un 6,6% de fibra y un 12,3% de proteína. También se encuentran minerales como el calcio, hierro y fósforo, entre otros, y se han identificado en el aceite crudo vitaminas de los complejos By C, así como caroteno.

El aceite es de color amarillo con tendencia al anaranjado.

Dentro de la composición o perfil lipídico del aceite de corojo es de destacar su contenido relativamente elevado de ácido oleico, entre el 25-30%, muy superior al del aceite de palma africana, así como en comparación con el coco, cuya masa es muy parecida, presenta menores concentraciones de ácidos caprílico y capricho, **C8:0**, entre 0,7-1,6 y **C10:0** entre 2,2 y 2,8%.

La masa central blanca de la semilla del corojo es alimenticia, tanto para el hombre como para los animales, sobre todo para el ganado vacuno, que lo toma de los cultivos silvestres en la cría extensiva de ganado, ayudando posteriormente a su diseminación. No se han reportado reacciones adversas en el consumo de la semilla por parte de humanos ni animales.

PERFIL LIPÍDICO DEL ACEITE DE COROJO EN %

ÁCIDO GRASO   INTERVALO DE CONC.

ÁCIDO GRASO	INTERVALO DE CONC.
C8:0	0,7-1,6
C10:0	2,2-2,8
C12:0	33-38
C14:0	11-14
C16:0	7-10
C18:0	2,5-4
C18:1	27-33
C18:2	5-5,3
C18:3	0,1-0,2

ATTALEA SPECIOSA (BABASU)

Las palmeras oleaginosas estudiadas hasta ahora, en este capítulo, tienen una incidencia limitada, o ínfima en cuanto a su empleo como plantas productoras de aceite en el sector agroindustrial, sin embargo, la *attalea speciosa* (babasu), sí se ha considerado desde hace bastante tiempo como una especie productora de aceite vegetal, y el mismo ha sido caracterizado y estudiado por diferentes autores e instituciones, así como sus principales propiedades. No podía ser de otra manera dada su habitad principal en el Brasil con su extensa superficie de selva tropical.

El babasu es una arecaceae que se desarrolla preferentemente en la zona tropical húmeda, y es un árbol que puede alcanzar una gran altitud, entre 15-25m, lo que lo acerca más en este sentido a la palma africana, también su tronco es ancho y puede llegar hasta los 20-40 cm de diámetro.

La planta termina en un penacho o techo, con poco más de 15 hojas erectas de longitud de alrededor de 7 u 8 m de largo y dobladas hacia abajo en el ápice. Las hojas se tornan verde amarillentas en la madurez.

El babasu posee hojas pinnadas y la inflorescencia comienza en ellas. Sus frutos de pulpa fibrosa rinden de 3 a 6 semillas como promedio, son elipsoides, oblongas y alcanzan una longitud entre 7-14 cm. Éstos terminan en ángulo agudo. El número de frutos por racimo está entre los 200-600. El mesocarpio es seco y fibroso con alto contenido de carbohidratos y proteínas. El endocarpio es duro y relativamente grueso, lo que lo hace difícil de fracturar. La almendra es de 2,5 a 5 cm de largo y su masa es ligeramente amarillenta con sabor semejante a la del coco. Su habitad principal es en la región de Maranhãu en dos estados del Brasil: el propio Maranhãu y Piauí.

Como se conoce, el aceite de babasu es de uso comestible y para su extracción y manufactura trabajan cientos de miles de personas en el Brasil, por lo que es una importante fuente de empleo y para el ahorro de importaciones. Este aceite es el que le da valor comercial y es ampliamente consumido por la población del gigante suramericano. Tiene gran importancia y aceptación en la población. Del babasu se aprovecha la mayor parte de la planta, incluso su madera y hojas, para techos de las viviendas rústicas.

Además de su uso para la alimentación, el aceite de babasu se emplea con fines medicinales, cosméticos, en jabonería, etc.

La producción de aceite de babasu en el Brasil es del orden de varios cientos de miles de TM y es muy empleado por la población brasileña. También dada la elevada concentración de ácido láurico que posee es muy apreciado en la industria de cosméticos para producir jabón. Además del aceite, el babasu se exporta en semillas.

El aceite de babasu está recogido en las normas para aceites vegetales especificados: **Codex Stan 210-1999,** y de él, y el de coco se establecen los siguientes parámetros:

Ácido graso	Babasu (%)	Coco (%)
C8:0 ----------	2,6-7,3 --------	4,6-10,0
C10:0 ----------	1,2-7,6 --------	5,0-8,0
C12:0 ---------	40,0-55,0 ------	45,1-53,2
C14:0 ---------	11,0-27,0 -----	16,8-21,0
C16:0 ----------	5,2-11,0 -----	7,5-10,2
C18:0 ----------	1,8-7,4 ------	2,0-4,0
C18:1 ----------	9,0-20,0 ------	5,0-10,0
C18:2 ----------	1,4-6,6 -------	1,0-2,5

Las propiedades fisicoquímicas que rigen para el aceite de babasu según este **Stan** son:

Parámetro	Babasu	Coco
Dens. relativa (g/cm³) (40C)	0,914-0,917 (25C)	0,908-0,921
Índice de refracción 40C	1,448-1,551	1,448-1,450
Índice de saponificación (mg KOH/g aceite)	245-256	248-265
Índice de yodo	10-18	6,3-10,6
Materia insapon.e g/kg	<=l 12	<= 15

A continuación se relacionan los niveles de desmetilesteroles en los aceites vegetales crudos derivados de ejemplos auténticos como porcentaje del contenido total de esteroles, para el aceite de babasu y el de coco.

Esterol	Babasu	Coco

Colesterol -------------	1,2-2,7	----------- ND-3
Brassicasterol --------	ND-0,3	---------- ND-0,3
Campesterol -------	17,7-18,7	---------- 6,0-11,2
Estigmasterol -------	8,7-9,2	--------- 11,4-15,6
Beta sitosterol ------	48,2-53,9	-------- 32,6-50,7
Delta-5-avinasterol -----	16,9-20,4	-------- 20,0-40,7
Delta 7 estigmasterol ----	ND	-------- ND-3,0
Delta 7 avinasterol ----	0,4-1,0	-------- ND-3,0
Otros --------------------	ND	-------- ND 3,6

Total esteroles (mg/kg) --- 500-800 -------- 400-1200

ND – no detectable, definido como menor o igual que 0,05%

ELAEIS OLEIFERA (PALMA AMERICANA)

Elaeis oleífera: (Palma americana)

El hacer aquí una ligera mención a la *Elaeis oleífera*: Palma americana no se refiere al hecho de relacionarlo directamente con el aceite de coco, o el de las almendras de las palmeras estudiadas, sino valorar un grupo de aspectos que han motivado el que en estos momentos se centre mucho la atención en esta planta.

Lo que le da importancia a la palma americana, o enana americana, o nolís como también se le denomina, es su relación con la archiconocida y mencionada con elevada frecuencia, la *Elaeis guineensis* (palma africana), y en los cruces que se han realizado con éxito con la misma en los últimos años.

Desde el punto de vista botánico hay que señalar que es una palmera tropical pinnada, perteneciente a la familia arecaceae, y se desarrolla en un habitat con vegetación densa y húmeda, correspondiente a los climas tropicales, de ahí su presencia en la zona amazónica de Colombia, Ecuador y Brasil. Es una planta perenne que puede durar cerca de 100 años, presenta un tronco alto, pero mucho menor que la palma africana y sus frutos están cubiertos de tejido ceroso.

La palma americana es más resistente a las enfermedades que la palma africana, aunque por su menor tamaño, es atacada por plantas parásitas, que en el peor de los casos pueden enredarla hasta matarla.

Las hojas de la planta tienen concentraciones apreciables de vitamina E y A (α y β caroteno). El crecimiento de esta palmera es relativamente lento, entre 5-10 cm por año, de ahí que no sobrepase en tamaño a otras palmeras.

Una comparación entre los perfiles de ácidos grasos de los aceites del fruto de la palma americana y africana se muestra a continuación, así como el de un posible híbrido entre ambas, al que nos referiremos más adelante.

Ácidos grasos		E. guineensis		E. oleifera	OxG
C14:0	-----------	0,5-2	---------	0,2	---- 0,5-1,6
C16:0	-----------	40-48	---------	18,7	---- 32-43
C16:1	-----------	-	---------	1,6	---- 0,1-0,2
C18:0	----------	3,5-6,5	---------	0,9	---- 3,2-4,1
C18:1	----------	36-44	--------	56,1	---- 34-52
C18:2	-----------	6,5 12	-------	21,1	--- 10,8-16,5

A estos datos se suma el índice de yodo de la palma africana, del orden del 49-55 y de la americana que se encuentra entre el 78-80, lo que es indicativo de valores mayores de **AGI**, para esta segunda palmera.

Si se analiza, además, los altos contenidos de ácido oleico y linoleico de la *E. oleifera* con respecto a la *E. Guineensis*, se comprenderá el efecto positivo que produciría un cruce genético entre ambas plantas, como en efecto se ha venido realizando en los últimos años, atendiendo además, a la demanda fitosanitaria, por cuanto en las condiciones de las selvas tropicales suramericanas la palma africana sufre un apreciable deterioro por la enfermedad de la pudrición del cogollo, que no ocurre con su homóloga americana.

Sobre esta base, en años recientes se han realizado cruzamientos entre ambas plantas que han originado un híbrido (**OxG**), cuyo aceite posee una concentración de ácido oleico superior al 50%, con mayores cantidades de α tocoferol y α, β caroteno.

En cuanto a otras características, se hace referencia a que el nuevo aceite es más líquido y fluido, muestra gran estabilidad y presenta un color más intenso dado por una mayor concentración de α y β-caroteno. Por último señalar, que no es un producto proveniente de una planta modificada genéticamente (**OGM**) y que según se reporta es también mucho más bajo en ácidos grasos *trans*.

En 2015, entre Ecuador y Colombia sembraron una superficie de 76 700 ha que produjeron 177 219 TM de aceite de palma **alto oleico**, que es como se designa este aceite por su mayor contenido en ácido oleico. Se estima que para el año 2020 se triplique la superficie de siembra y se obtengan sobre las 400 000 TM de aceite.

CAPÍTULO VI.

ACCIONES FARMACOLÓGICAS DEL ACEITE DE COCO.

Nos vamos a referir principalmente al empleo del aceite de coco con dos fines: dermatológicos, y sobre todo, y esencialmente a los elementos básicos que sirven la actual polémica en torno a determinadas propiedades beneficiosas del aceite de coco en el tratamiento de enfermedades cerebrales, que tienen que ver con el alzheimer y la epilepsia, dejando a un lado los relacionados con otras propiedades que tiene, o se le han atribuido al aceite de coco.

Es necesario señalar de antemano, que esto no es totalmente nuevo, al menos en el caso de la epilepsia, donde desde hace años se vienen empleando preparados conteniendo ácidos grasos de cadena media (caprílico y cáprico) en el tratamiento de esta enfermedad, aunque esto no se muestra tan polémico como el referido al alzheimer. En esencia, este es el elemento básico de la polémica y sobre el cual se posicionan diferentes personas, incluso especialistas y donde será preciso profundizar en algunos aspectos.

VI.1.-ACCIÓN DEL ACEITE DE COCO SOBRE LA PIEL.

El tratamiento de la piel con determinados aceites vegetales, como el de almendras, oliva, etc., así como su empleo en cosmética y la industria de los jabones, es un asunto que forma parte de la práctica humana desde hace muchísimo tiempo, y en ello el aceite de coco ha ocupado, y ocupa, un papel destacado.

La composición lipídica del aceite de coco posibilita su empleo en el tratamiento de diversas afecciones de la piel, lo que ha motivado su amplia utilización en cosméticos y en el tratamiento de diversas afecciones, algunos recogidos en la experiencia colectiva de diversas culturas, además, sus características físicas a temperatura ambiente, como el de presentarse como una masa blanca untuosa de baja viscosidad y de amplia penetración, facilitan su aplicación.

En el aceite de coco más de un 10% de sus constituyentes son triacilglicéridos de ácidos grasos de cadena media como el cáprico y el caprílico, de marcada acción antibactericida, así como cerca del 50% lo es el ácido láurico que también ostenta propiedades de este tipo.

De acuerdo con las fuentes consultadas, y de forma muy resumida, se reporta para el aceite de coco lo siguiente:

-Empleo como aromatizante en concentraciones variables en diversos productos cosméticos

-Acción cicatrizante apoyada por ensayos en animales de experimentación, como ratas.

-Actividad antimicrobiana *"in vitro"* sobre *Staphylococcus aureus*, aspecto sumamente importante porque este microorganismo aparece en enfermedades frecuentes como la dermatitis atópica.

61

En este sentido se indica que ha resultado ser varias veces más eficaz que el aceite de oliva, y en la mayoría de los casos se detiene o ralentiza la infección.

-El aceite de coco mantiene el nivel de hidratación de la piel.

-Disuelto en etanol posee actividad antifúngica.

Por otra parte, el ácido caprílico componente del aceite de coco, posee acción antimicrobiana frente a determinados microorganismos patógenos como: *Streptomyces agalactiae, S. dysgalactiae, Staph. aureus, y E. coli*, entre otros. Este componente, en medio ácido, a un pH de 4,8 se emplea en laboratorios especializados como precipitante de un gran número de proteínas plasmáticas.

En cosmética el aceite de coco se emplea en la producción de diferentes productos como jabones, componente de cremas para la piel, agentes emulsionantes, etc. Este aceite, en su forma cruda, o virgen, contiene vitamina E y K.

VI.2 ACCIÓN DEL ACEITE DE COCO SOBRE LA EPILEPSIA Y ALZHEIMER.

Para muchos, la elevadísima proporción de AGS (~ 90%), aunque sean de cadena media, presentes en el aceite de coco constituyen motivo de preocupación por su posible relación con las enfermedades cardiovasculares, si bien para algunos de éstos ácidos se ha demostrado, total o parcialmente, que no ejercen una acción determinante en este sentido, como son los caprílico, cáprico y esteárico. Pero la concentración de éstos no supera el 20 %, esto es, la quinta parte del total.

El ácido láurico ha mostrado efectos en ambos sentidos, en el caso negativo de elevar las **LDL** y el colesterol, pero a su vez ejerce un efecto positivo en la prevención de la aterosclerosis al elevar también de forma significativa los valores de las **HDL**, y es posible que aquí es donde deba dirigirse una buena parte de las investigaciones para aclarar los pros y los costras de la incidencia de este ácido sobre las **ECV**, pues su proporción supera con mucho las de los demás aceites mencionados y está en el orden del 50%, esto es, cerca de la mitad.

En cuanto a los ácidos mirístico y palmítico, el análisis solo redunda en los aspectos negativos, pues se ha referido que incrementan significativamente los niveles de colesterol y **LDL**. De los dos el que se encuentra en mayor proporción es el mirístico, (**C14:0**), con niveles superiores al 15%, y el palmítico sobre los 9%, lo que es indicativo que independientemente de lo demás, estamos en presencia de cantidades significativas de **AGS** de efecto negativo sobre las **ECV** y que en su conjunto se acercan a un 25%, una cuarta parte, lo que resulta en una cifra significativa, independientemente de con que criterio se valore el ácido láurico.

Las proporciones de ácido oleico no son altamente significativas en el aceite de coco, por lo que su efecto en este sentido es mucho menor que en la generalidad de los aceites vegetales

Quedan entonces los ácidos caprílico y cáprico, que como era de esperar salen libres de toda sospecha, máxime si se encuentran en alimentos altamente valorados para el ser humano como la leche materna en proporciones mayores del 2%. También se encuentran en la leche de cabra, que como se valora en la cultura popular ha sido históricamente una alternativa a la leche vacuna.

De éstos ácidos, por otra parte, hay que destacar que se han venido empleando en la elaboración de fármacos o fórmulas para el tratamiento de enfermedades cerebrales como la epilepsia y por consiguiente en las dietas cetogénicas.

La epilepsia es una enfermedad cerebral crónica caracterizada por la aparición de convulsiones, que se originan por descargas eléctricas excesivas de células cerebrales, las cuales pueden encontrarse en cualquier lugar del cerebro. Indudablemente, estas células se comportan de forma anómala y cualquier acto o elemento que favorezca el buen funcionamiento de las mismas, podría tal vez jugar un efecto positivo para el organismo.

En todo esto la dieta juega un papel eficaz, sobre todo las ricas en vitaminas del complejo B como B1, B6 y B12, así como vitamina D, entre otras.

El empleo de una dieta cetogénica: rica en grasas y baja en carbohidratos, se viene recomendando para el tratamiento de esta enfermedad desde los años 20 del pasado siglo, valorándose en este sentido, que con ella disminuye el rol de la insulina, y los productos cetónicos pueden sustituir el papel de la glucosa como fuente de energía y nutrición celular.

Se considera que el aceite de coco, rico en grasas con un alto perfil lipídico en ácidos grasos saturados de cadena media, puede favorecer la aparición de un estado cetóxico con una disminución del rol de la insulina y la participación de estos ácidos, o sus derivados cetónicos en el metabolismo de las células cerebrales.

La eficacia del aceite de coco en el tratamiento de las enfermedades cerebrales como la epilepsia y el alzheimer están estrechamente relacionados por su alta composición de ácidos grasos de cadena media, que se considera muestra efectos terapéuticos para las células cerebrales. Por otra parte, aportan energía a éstas, lo que contribuye a aliviar o prevenir los síntomas o trastornos de estas enfermedades.

Algunos de los ácidos grasos integrantes de diferentes productos cetogénicos tales como los ácidos grasos caprílico y cáprico obtenidos del aceite de coco o de palmiste han sido empleados como complementos en dietas cetogénicas.

El aceite **TCM o MCT**, (triacilglicéridos de cadena media) es un complemento lipídico destinado a usos nutricionales como el tratamiento dietético de trastornos que requieren un aporte extra de calorías, y está también indicado en la elaboración de dietas cetogénicas para la epilepsia, y más recientemente para el alzheimer, se presenta en forma de aceite, y está integrado, o predominan en su composición los ácidos grasos caprílico y cáprico.

Como se ha venido valorando, los triacilglicéridos de cadena media (**TCM**) son tipos especiales de grasas saturadas provenientes del aceite de coco, aunque también se pueden obtener del palmiste, aceite obtenido de la nuez o almendra de la palma africana. Estos compuestos constituyen fuentes energéticas de fácil absorción por el organismo y no tienden a acumularse en el tejido adiposo, incrementando así la termogénesis: tasa de combustión de calorías.

Sin embargo, el empleo de la dieta para el tratamiento de las enfermedades cerebrales no puede verse como un único factor a tener en cuenta, y si hasta ahora esto ha ocurrido, se debe más bien a la escasez de fármacos efectivos para su tratamiento, así como también para tratar de implementar un tratamiento natural de confianza general para el público y los consumidores.

Pero según indican Carl E. Stafstrom y John M. Rho, especialistas de la Universidad de Wisconsin, Estados Unidos, en un artículo titulado *The ketogenic diet as a treatment paradigm for diverse neurological disorders*:

"El enorme espectro de mecanismos fisiopatológicos subyacentes a las enfermedades antes mencionadas sugeriría un grado de complejidad que no puede ser afectado universalmente por ningún tratamiento dietético individual. Sin embargo, es concebible que las alteraciones en ciertos componentes de la dieta puedan afectar el curso e incidir y afectar el resultado de estos trastornos cerebrales."

Aunque también consideran que:

...es concebible que las alteraciones en ciertos componentes de la dieta puedan afectar el curso y el resultado de estos trastornos cerebrales. Además, es posible que una vía neurometabólica común final pueda verse influenciada por una variedad de intervenciones dietéticas. El ejemplo más notable de

un tratamiento dietético con eficacia comprobada contra una condición neurológica es la dieta cetogénica (KD) alta en grasas y baja en carbohidratos que se usa en pacientes con epilepsia intratable médicamente. Si bien los mecanismos a través de los cuales KD funciona no están claros, ahora hay evidencia convincente de que su eficacia probablemente esté relacionada con la normalización del metabolismo energético aberrante

Y de los aceites vegetales empleados actualmente en la dirección anterior, el de coco es uno de los que parece más indicado para favorecer este estado, máxime que en los últimos tiempos la noticia que más ha llenado las portadas o ha sido objeto de análisis y debate en este sentido, es la relacionada con el tratamiento del alzheimer, y no vamos a referirnos a casos aislados específicos, sino a aquellos donde se muestran pruebas experimentales específicas

Más bien nos referiremos a algunos de los resultados de ensayos clínicos, que aunque modestos, pueden tenerse en cuenta, si no es para establecer conclusiones, al menos el de dar cierta esperanza en el tratamiento de esta molesta enfermedad azote de la población mundial de mayor edad en estos momentos.

Recientemente, especialistas de la Universidad Católica de Valencia con el concurso de profesionales de otras instituciones, reportaron en 2017 (*Influencia del aceite de coco en enfermos de alzhéimer a nivel cognitivo*. Nutr. Hosp. 2017; 34(2):352-356), haber llevado a cabo un estudio clínico con 44 pacientes de alzheimer a nivel cognitivo, a 22 de los cuales se le suministró acompañando a las comidas, dosis de 20 ml de aceite de coco en cada una de ellas durante un período de 3 semanas, pudiendo comprobar en relación con los otros pacientes como grupo control, una mejoría en los siguientes síntomas:

Mejoras en el estudio: %

Orientación: 65

Cálculo concentración: 50

Lenguaje construcción: 30

Memoria: 25

Fijación: 14

No encontraron efectos adversos durante el estudio, lo que podría permitir una valoración en el sentido de ampliar la dosis y/o el tiempo de tratamiento, aunque concuerdan que el universo poblacional sometido a análisis es una muestra relativamente pequeña en relación a la posible extracción de conclusiones definitivas.

Un artículo unos años más alejado, en 2010: *"Dietary Intervention Using Coconut Oil to Produce Mild Ketosis in A 58 Year Old Apoe4+ Male with Early Onset Alzheimer's Disease"*, que traducido al español es: *Intervención dietética utilizando aceite de coco para producir cetosis leve en un hombre de 58 años de edad Apoé4 + con enfermedad de Alzheimer*, describe un estudio cuyo objetivo era determinar si la cetosis leve por ingestión de ácidos grasos de cadena media (**AGCM**) en el aceite de coco, mejoraría los efectos de la enfermedad de Alzheimer en un hombre de **APOE4** de más de 58 años, con probable enfermedad de aparición temprana, el cual recibió durante tres meses dosis de este aceite según el siguiente procedimiento:

Se le suministró una sola dosis diaria de 35 ml de aceite de coco en el desayuno durante 34 días, que fue aumentada a partir del día 35 a dos veces por día, y el día 54 a tres veces. Durante el estudio se realizó el test **MMSE** (Mini mental state examination) el día 0, cuatro horas después de la dosis del día 1, y el día 65.

Se realizaron diferentes valoraciones durante, y al final del estudio, tales como la prueba del reloj los días 0, 14 y 37. Asimismo, el día 52, se midieron los niveles de acetoacetato de cetonas plasmáticas y β-hidroxibutirato antes y a varios intervalos después de ingerir 35 ml de aceite de coco, indistintamente, en dos comidas.

Los resultados indican que en el día 0, el sujeto objeto de investigación obtuvo 14/30 en **MMSE**. Cuatro horas después de la dosis del día 1 de aceite de coco, éste aumentó a 18/30, y el día 65 a 20/30. Los niveles del día 52 de acetoacetato/β-hidroxibutriato (mM) alcanzaron un máximo de 0.14 / 0.03335 gramos; 180 minutos después de una dosis de 35 gramos de aceite de coco en el desayuno, y se incrementaron a 0.217/ 0.135; 180 minutos después de la dosis de cena.

Los resultados finales a los 90 días indicaron mejoras en la interacción, conversación, sentido del humor, memoria de eventos recientes, finalización de tareas, renovación del interés en el ejercicio y el aprendizaje, y expresión de esperanza para el futuro. Como estudios previos en que se emplearon 20 g de aceite

MCT mostraron una mejor cognición en personas con **AD**, uede haber una mejora similar utilizando una cantidad equivalente de **AGCM** como el aceite de coco, más fácilmente disponible para la población

Se achaca por algunos, estos u otros resultados semejantes, a la facilidad de metabolizarse en el cerebro de los derivados cetónicos de los ácidos de cadena media como el caprílico y el cáprico, por las dificultades de la insulina para actuar sobre la glucosa que llega al cerebro necesaria para la alimentación y subsistencia de las células cerebrales, junto a otros posibles mecanismos.

En el cerebro existen células nerviosas que necesitan emplear la glucosa para producir energía, cuestión que se ve alterada por falta de eficacia de la insulina sobre la glucosa relacionada con diferentes factores, por lo que las células se degradan o perecen.

Los ácidos grasos de cadena media podrían actuar como forma alternativa y reemplazar a la glucosa, una vez que éstos pueden reducirse a formas cetónicas empleadas en el cerebro en vez de la glucosa, que al final es un compuesto que guarda similitud en lo concerniente a que también posee un grupo carbonilo.

Los **AGCM** no se almacenan en el tejido adiposo, sino que pasan al hígado y después de ser metabolizados en éste, se incorporan al torrente sanguíneo para distribuirse por el organismo, y al llegar al cerebro pueden oxidarse para producir energía sin necesidad de la insulina, ya que los pacientes con alzheimer presentan dificultades en la acción de ésta sobre la glucosa...

Ahora, una cosa es curarlo y otra prevenirlo, y en el segundo aspecto es que puede ser útil el aceite de coco, que ya de hecho se oferta en farmacias en forma natural y en capsulas.

El alzheimer es una enfermedad neurodegenerativa, que trae trastornos cognoscitivos y de conducta, atrofiamiento de una parte del cerebro, muerte de células y pérdida de la actividad cognoscitiva. Es la causa más común de demencia.

Mientras más altos sean los niveles de consumo de **AGCM** para producir cetoxis, mayor probabilidad habría para que mejoraran los síntomas del alzheimer, aunque claro, todo tiene un tope, una medida, y en eso se trabaja en la actualidad, tomando como referencia los niveles de ácido caprílico que asimila un niño mediante la alimentación con leche materna, pero esto es solo una ligera aproximación.

La **FDA** de los Estados Unidos tiene el aceite de coco en su lista de **GRAS** (Generally Regarded As Safe), como alimento seguro.

En otro orden de cosas, se reportan estudios llevados a cabo en diferentes Islas del Pacífico desde 1960, en que se observó como sus habitantes alimentados con una dieta básica de coco mantenían buenos indicadores de salud tales como: no exceso de peso, no enfermedades cardiovasculares a pesar de consumir grasas saturadas, raros problemas digestivos, etc., entre otras muchas afecciones relacionadas con el consumo de grasas saturadas. La islas de referencia fueron: Pokepuka y Tokelau (1960). Kitava (1990), este último, conocido como *Kitava study* se llevó a cabo con una población de 12

000 habitantes durante varios años.

Por otra parte, un estudio in "*vitro*" llevado a cabo en la Facultad de Medicina de la Universidad de Newfoundland en Canadá, por F. Nafar y KM Mearouw ("*Coconut oil attenuates the effects of amyloid-β on cortical neurons in vitro*") y publicado in the Journal of Alzheimer's Disease, sobre los efectos de la inclusión de aceite de coco en las neuronas corticales, indica que la supervivencia de las neuronas en cultivos tratados con aceite de coco y amiloide-β, fue superior al de los cultivos tratados únicamente con amiloide-β.

Además, en este estudio se determinó que el co-tratamiento con aceite de coco también atenuaba las alteraciones mitocondriacas inducidas por el amiloide-β.

En otro estudio semejante: "*Coconut oil protects cortical neurons from amyloid beta toxicity by enhancing signaling of cell survival pathways*" llevado a cabo por ambos científicos con la participación además, de JP. Clarke, se investigó el tratamiento de amiloide-β durante 1, 6 y 24 h, y la posterior adición de aceite de coco durante otras 24 horas seguido de la exposición a amiloide-β durante diversos períodos. Se evaluaron, además, la supervivencia neuronal y varios parámetros celulares (caspasa 3 escindida, etiquetado de sinaptofisina y **ROS**).

Los resultados obtenidos en el experimento demostraron que el aceite de coco rescata las células preexpuestas a amiloide-β durante 1 ó 6 h, pero es menos eficaz cuando la preexposición ha sido de 24 h.

Sin embargo, el pretratamiento con aceite de coco antes de la exposición a amiloide-β mostró los mejores resultados.

En el estudio anterior, el tratamiento con ácido octanoico, o láurico, también proporcionó protección contra amiloide-β, pero no fue tan efectivo como el aceite completo. El tratamiento con aceite de coco redujo el número de células con caspasa escindido y etiquetado **ROS**, así como el rescate de la pérdida de marcaje de sinaptofisina observada con el tratamiento con amiloide-β. El tratamiento con aceite, así como los ácidos octanoico, decanoico y láurico, dio como resultado un aumento modesto en los cuerpos cetónicos en comparación con los controles.

Por otra parte, en un estudio sobre productos que inducen la cetogénesis, llevado a cabo por Ji-Jao, et al. en ratas femeninas, se comprobó que por el efecto de éstos se mantiene la función mitocondrial y se reduce la patología del alzheimer.

La disfunción mitocondrial se ha propuesto como un regulador clave en la patogénesis de los trastornos neurodegenerativos, incluida la enfermedad del alzheimer. Anteriormente se había demostrado que los déficit bioenergéticos mitocondriales preceden al alzheimer. Además, en análisis clínicos y preclínicos de cerebros afectados por alzheimer, se ha observado un descenso en la producción de energía soportada por glucosa, como lo demuestra un descenso en la expresión de enzimas glicolíticas acopladas a una disminución en la actividad del complejo piruvato deshidrogenasa (**PDH**).

De acuerdo a lo anterior, las sustancias que suplanten

el papel energético de la glucosa en el cerebro podrían ser efectivas para el tratamiento del alzheimer, como los productos cetónicos derivados de los **AGCM**, como los que contiene el aceite de coco.

Visto todo esto, hay esperanzas en encontrar tratamientos tempranos para reducir los daños cerebrales relacionados con el alzheimer, y algunos componentes del aceite de coco prometen cierta eficacia, o de lo contrario, de no ser eficaces, no afectan a la salud de las personas.

De todas formas, solo investigaciones más profundas: "*in vitro*", en animales de experimentación y en el propio ser humano, podrán dilucidar completamente este problema. Dejamos pues, a elección del lector el empleo o no del aceite de coco con estos fines.

En estos momentos, en relación con estos u otros aspectos del problema, la polémica esta servida, pero en esencia volvamos a nuestro postulado, tal vez demasiado reiterado, de que **el aceite de coco es un aceite vegetal y como tal hay que verlo**, mientras se desarrollan y profundizan investigaciones en otros sentidos.

Se ha visto también en la monografía, que la industria del aceite de las palmeras, obviando al de la palma africana, no solo ya es un hecho, sino que hay suficientes candidatas a ocupar un puesto en este importante y lucrativo sector, a más que con la palmeras estudiadas, emparentadas con el coco: corojo, corozo, palma americana y babasu, se amplia el universo para el sector aceitero de los países tropicales de América, así como el de otras regiones del planeta con semejante clima, en un valioso producto que aún no llega a todas las mesas, sobre todo a las de las familias más pobres y desprotegidas.

No desearíamos con esto que se continuaran destruyendo bosques, reservas naturales de valiosas especies, algunas endémicas o en peligro de extinción, así como el desalojo de grupos humanos en diferente estadio de desarrollo cultural y su inclusión en un ambiente urbano, para ellos con enormes dificultades de adaptación, y para el cual no están preparados. No desearíamos que las investigaciones y proyectos de desarrollo iniciados con buenas intenciones, deriven en estos hechos que hacen peligrar la biosfera y al propio desarrollo del hombre. Esperamos a que en este momento haya sentido común al respecto.

Mientras tanto, debemos respetar las costumbres de los habitantes de las selvas, la población de estos países en sus variadas formas culturales y hábitos alimentarios, así como permitir, y no ahogar mediante la brutal competencia, los esfuerzos de los gobiernos y organizaciones bien intencionadas, en favorecer el desarrollo de industrias artesanales y respetar los hábitos de consumo de la población.

El aceite de coco, y de otras plantas relacionadas tiene, como todos los aceites vegetales, aspectos positivos y negativos, de acuerdo con la vara con la que se mida y los propósitos con que se emplee, y por el momento, más que limitar o criticar un tipo de aceite en particular, es necesario buscar su perfil de empleo, y no frenar la diversidad, que bien encaminada puede rendir valiosos resultados, porque lo más importante es la salud y el bienestar de los seres humanos, en perfecta armonía, y en igualdad de oportunidades y posibilidades. Renunciar a este fin es conducir a la humanidad a algo menos que su autodestrucción.

ANEXO.

ÁCIDOS GRASOS DE CADENA MEDIA COMPONENTES DEL ACEITE DE COCO.

C8:0 Caprílico   8%

C10:0 Cáprico   6%

C12:0 Láurico   47%

C14:0 Mirístico 18%

ÁCIDO CAPRÍLICO (C8:0). Octanoico.

$CH_3 (CH_2)_6 COOH$.

Es un ácido graso líquido, saturado, de cadena hidrocarbonada media, constituida por ocho átomos de carbono, incluyendo el propio del grupo carboxilo. Está presente con un contenido aproximado del 7% en el aceite de la nuez de la palma africana, y 8% en del coco. También está presente en la grasa de la leche de algunos mamíferos. Algunas propiedades físicas se muestran a continuación:

M: 144,21 g/mol
Densidad: 0,91 g/cm³
Temp. Fusión 17,9 C
Temp. Ebullición: 237 C
pKa: 4,89

El ácido caprílico posee acción antimicrobiana frente a determinados microorganismos patógenos como: *Streptomyces agalactiae, S. dysgalactiae, Staph. aureus, y E. coli*, entre otros.

En medio ácido, a un pH ácido de 4,8 se emplea en laboratorios especializados como precipitante de un gran número de proteínas plasmáticas.

ÁCIDO CÁPRICO. (C10:0) (Decanoico).

CH3 (CH2)$_8$ COOH.

Es un ácido graso saturado de longitud de cadena hidrocarbonada media, constituida por diez átomos de carbono, incluyendo el propio del grupo funcional carboxilo.

Se presenta como sólido blanco cristalino de olor intenso, a temperatura ambiente, y funde a temperaturas ligeramente más altas.

Masa Molecular: 172,26 g/mol.
Temp. De fusión 31,6 C
Temp. De ebullición: 269 C
Densidad: 0,89 g/cm³

El nombre de ácido cáprico deriva del latín, y se refiere a su olor semejante al de las cabras, en cuyos tejidos se encuentra en determinada proporción, aunque en mayor medida en el aceite de coco como triacilglicérido, pero en él su olor no es predominante, porque de serlo; este aceite y la masa de coco en particular, limitaría su empleo en cosmética y en pastelería, etc.

Conjuntamente con el ácido caproico (C6:0) y el ácido caprílico (C8:0) conforman alrededor del 15 % de la grasa de la leche de cabra.

Aunque el ácido cáprico se puede obtener por hidrólisis ácida de las grasas, se produce preferentemente por oxidación del decanol, un alcohol alifático de diez átomos de carbono de longitud de cadena, mediante oxidantes inorgánicos poderosos como el trióxido de cromo.

Presenta interés también en la industria alimentaria como antiespumante y con otros fines.

ÁCIDO LÁURICO (C12:0). n-dodecanoico.

$CH_3 (CH_2)_{10} COOH$.

Masa molecular: 200,32 g/mol
Tf: 42,2C
T. Descomp. 298 C
Densidad: 0,88 g/cm³

Es un ácido graso saturado de cadena hidrocarbonada media, constituida por doce átomos de carbono, incluyendo el propio del grupo funcional carboxío. Es sólido a temperatura ambiente pero de bajo punto de fusión. Presenta cierto olor a jabón, y de hecho se obtienen de él excelentes jabones duros y muy espumantes por su marcada acción tensioactiva, que constituye también uno de sus principales usos, por lo que disuelve fácilmente las grasas y líquidos apolares. Se le achaca también acción antimicrobiana.

Se encuentra en determinada proporción en la grasa de la leche humana (6,2%), de rumiantes como la de vaca (2,9%) y de la cabra (3,2%).

Aunque se halla presente en el aceite de diversas palmeras, es en el de coco donde ha adquirido notoriedad por encontrarse en éste en una proporción cercana al 50 %.

Conjuntamente con el ácido mirístico conforman cerca del 70% de los ácidos grasos del aceite de coco, por lo que éste se considera un aceite rico en grasas de cadena media. Comoquiera que en algunas investigaciones se les ha asociado con el incremento de las lipoproteínas de baja densidad (**LDL)** y por consiguiente con el daño aterogénico, es que algunos discrepan del efecto positivo de éste en la salud, sin embargo, en tiempo reciente se le ha relacionado como un producto alternativo para atenuar o revertir el alzheimer en determinado grado, aunque no se cuentan con suficientes pruebas al efecto.

Como los ácidos mencionados, el ácido láurico no debe ingerirse en estado puro, y en este caso produce una fuerte irritación en el tracto digestivo.

ÁCIDO MIRÍSTICO (C14:0). Tetradecanoico.

CH3 (CH2)$_{12}$ COOH.

Es un ácido graso saturado, sólido a temperatura ambiente, de cadena hidrocarbonada entre media y larga, constituida por 14 átomos de carbono, incluyendo el propio del grupo funcional carboxilo. Es muy poco soluble en agua, pero sí en solventes de menor polaridad.

Masa molecular: 228,4 g/mol
Densidad: 0,8622 g/cm³
Temp. de fusión: 54,4 C
Solubilidad 1,07 mg/L

Su nombre proviene de la nuez moscada (*Myristica fragrans*); cuya grasa sólida contiene cantidades elevadas de este ácido graso (75 %) en forma de triacilglicérido o trimiristina, como se le llama comúnmente.

Su concentración cercana al 20% en el aceite de coco es considerada como factor de riesgo en las enfermedades cardiovasculares, por su correlación positiva con las lipoproteínas de baja densidad transportadoras de colesterol.

OTRAS OBRAS DEL AUTOR

1. El Código Ético y Moral de Confucio.
2. El Código Educativo de Confucio.
3. El Triángulo de Confucio.
4. Confucio para Confusos.
5. Un Réquiem para Maquiavelo.
6. Confucio Vs. Maquiavelo.
7. En las llanuras del Camagüey I. Buenaventura.
8. En las Llanuras del Camagüey II. Dolores Cruz.
9. Sombras que Vagan por la Llanura.
10. África Sonríe Triste, en Silencio.
11. Cuerno de Rinoceronte.
12. Cuerno de Luz.
13. Mkombo, Soba del Norte
14. Lamento Taurino.
15. El Peligroso Arte de Freír.
16. Caos e Incertidumbre en el Mundo de los Aceites Vegetales.
17. Química de los aceites vegetales.
18. En las llanuras del Camagüey III. La isla prometida.
19. En las llanuras del Camagüey IV. Fantasmal.

BIBLIOGRAFIA

Adkins, ed. S.; M. Foale and Y. Samosir (2006). *Coconut revival new possibilities for the 'tree of life*': proceedings of the International Coconut Forum held in Cairns, Australia, November 2005.

Alton Edward Bailey, (1998), *Aceites y grasas industriales*, Editorial Reverte, España, p. 99.

Bhatnagar R. et al. (1999). *The structure of myristoyl-CoA:protein N-myristoyltransferase.* Biochim Biophys Acta 1999; 1441: 162-72.

Belén, D., et al.(2005). *Physicochemical Evaluation of Seed and Seed Oil of Corozo Acrocomia aculeata Jacq.)*, Grasas y Aceites, 56(4), 311-316.

Canapi, E., et al. (2005) *Coconut Oil*, Bailey's Industrial Oil and Fat Products, 6th edición, Wiley – Intersciencie, 2, pp. 110-147, New York – USA (2005).

Clevidence B, et al. (1997). *Plasma lipoprotein (a) levels in men and women consuming diets enriched in saturated, cis-, or transmonounsaturated fatty acids.* Arterioscler Thromb Vasc Biol 1997; 17: 1657-61.

Dawson, P. et al. (2002). *Effect of lauric acid and nisin-impregnated soy-based films on the growth of Listeria monocytogenes on turkey bologna.* Poultry Science 81 (5)

Departamento de Salud y Servicios Sociales de los

Estados Unidos (2010). *Dietary Guidelines for Americans*.

Fernández, C. y A. Mieres, (2005). *Extracción y purificación del aceite de la almendra del fruto de la palma de corozo (Acrocomia aculeata)*. Revista Ingeniería. UC. Vol. 12, No 1, 68 – 75.

Ferrari R. et al. (1996). *Minor constituents of vegetable oils during industrial processing.* J. Am. Oil Chem. Soc. 73, 587-591.

Foale, M. (2003*). The Coconut Odyssey: The Bounteous Possibilities of the Tree of Life Canberra*: Australian Centre for International Agricultural Research. pp. 115-116.

Foster A, and A. Harper A. (1983). *Physical refining.* J of Am Oil Chem. Soc. 60, 265-271.

Foster, R.; C. Williamson, and J. Lunn, (2009). *Culinary oils and their health effects.* Nutrition Bulletin 34 (1): 4-47.

Gatto L, et al. (2003). *Postprandial effects of dietary trans fatty acids on apolipoprotein(a) and cholesteryl ester transfer.* Am J Clin Nutr 2003; 77: 1119-24.

Grimwood, B. (1979). *Coconut palm products: their processing in developing countries.* 2da. edición. Roma: FAO. pp. 193-210.

Henderson, A., G. Galeano and R. Bernal. (1995). *Field Guide Palms Amer.* 1–352. Princeton University Press, Princeton, New Jersey

Horton J, et al. (1993). *Dietary fatty acids regulate hepatic low density lipoprotein (LDL) transport by altering LDL receptor protein and mRNA levels.* J Clin Invest 1993; 92: 743-49.

Hu, F. et al. (1999). *Dietary saturated fats and their food sources in relation to the risk of coronary heart disease in women.* Am. J. Clin Nutr 1999; 70: 1001-8.

Hu, F., et al. (1997). *Dietary fat intake and risk of coronary heart disease in women.* N Engl J Med 1997; 337: 1491-99.

Jin-Jao, et. al. (2011). *2-Deoxy-D-Glucose Treatment Induces Ketogenesis, Sustains Mitochondrial Function, and Reduces Pathology in Female Mouse Model of Alzheimer's Disease.* PLoS One. 2011; 6(7): e21788.e21788.Published online 2011 July 1 doi: 10.1371/journal.pone.0021788. Neurochem Int. 2017 May;105:64-79. doi: 10.1016.

Jung M, S.Yoon and D. Min (1989). *Effects of processing steps on the content of minor compounds and oxidation of soybean oil.* J. Am. Oil Chem Soc. 66: 118-120.

Kamal-Eldin A, and L. Appelqvist (1996). *The chemistry and antioxidant properties of tocopherols and tocotrienols.* Lipids. 31, 671-701.

Keys A, J. Anderson and F. Grande (1957). *Prediction of serum cholesterol responses of man to changes in fats in the diet.* Lancet 1957; 273: 959-66.

Keys A. (1980). *"Seven Countries: A Multivariate Análisis of Death and Coronary Heart Disease."*

Cambridge, MA: Harvard University Press.

Khalil M, W. Wagner and I. Goldberg. (2004). *Molecular interactions leading to lipoprotein retention and the initiation of atherosclerosis.* Arterioscler Thromb Vasc Biol; 24: 2211-18.

Kris-Etherton P, and S. Yu (1997). *Individual fatty acids on plasma lipids and lipoproteins: human studies.* Am J Clin Nutr 1997; 65: 1628S-44S.

Kritchevsky D. (1998). *History of recommendations to the public about dietary fat.* J. Nutr 1998; 128: 449-52.

Kromhout D, et al. (1995). *Dietary saturated and trans fatty acids and cholesterol and 25-year mortality from coronary heart disease: the Seven Countries Study* Prev Med 24: 308-15.

Kushi, L, et al.(1985). *Diet and 20-year mortality from coronary heart disease.* The
Ireland-Boston Diet-Heart Study. N Engl J Med 312: 811-8.

Lichtenstein A, et al. (1999). *Effects of different forms of dietary hydrogenated fats on serum lipoprotein cholesterol levels.* N Engl J Med (1999); 340: 1933-40.

Lichtenstein A, et al.(2006). *Summary of American Herat Association diet and lifestyle recommendations revision.* Arterioscler Thromb Vasc Biol 2006; 26: 2186-91.

Lodge J. et al. (1997). *N-myristoylation of Arf*

proteins in Candida albicans: an in vivo assay for evaluating antifungal inhibitors of myristoyl-CoA: protein N-myristoyltransferase. Microbiology 1997; 143: 357-66.

Matthan N, et al. (2004).. *Dietary hydrogenated fat increases highdensity lipoprotein apoA-I catabolism and decreases low-density lipoprotein apoB-100 catabolism in hypercholesterolemic women.* Arterioscler Thromb Vasc Biol 2004; 24: 1092-97.

Mensink R, and M. Katan (1990). *Effect of dietary trans fatty acids on high-density and low-density lipoprotein colesterol levels in healthy subjects.* N Engl J Med 1990; 323: 439-45.

Mensink R, et al. (2013). *Effects of dietary fatty acids and carbohydrates on the ratio of serum total to HDL cholesterol and on serum lipids and apolipoproteins: a meta-analysis of 60 controlled trials.* Am J Clin Nutr. (77) (5) pp.1146-1155.

Mitchell D, et al. (2006). *Protein palmitoylation by a family of DHHC protein S-acyltransferases.* J Lipid Res 2006; 47: 1118-27.

Mozaffarian D, R. Clarke (2009). *Quantitative effects on cardiovascular risk factors and coronary heart disease risk of replacing partially hydrogenated vegetable oils with other fats and oils.* Eur J Clin Nutr 2009; 63: S22-S33.

Mozaffarian D., et al. (2006). *Trans fatty acids and cardiovascular disease.* N Engl J Med 2006; 354: 1601-13.

Muller H, (1998). *Replacement of partially hydrogenated soybean oil by palm oil in margarine without unfavorable effects on serum lipoproteins.* Lipids 1998; 33: 879-87.

Nafar, F. and K. Mearouw (2014). *Coconut oil attenuates the effects of amyloid-β on cortical neurons in vitro.* J Alzheimers Disc. 2014;39(2):233-7.

Newport, M.T. Neonatology, All Children's Hospital, Spring Hill, United States. 2010, Greece.*Dietary Intervention Using Coconut Oil to Produce Mild Ketosis in A 58 Year Old Apoe4+ Male with Early Onset Alzheimer's Disease.* 25th International Conference of Alzheimer's Disease International (ADI), March 10-13.

Nicholls S, et al. (2007). *Consumption of saturated fat impairs the anti-infl ammatory properties of high-density lipoproteins and endothelial function.* J Am Coll Cardiol. 2007; 48: 715-20.

Organización Mundial de la Salud (2015). *Avoiding Heart Attacks and Strokes.*

Ortega-García J., et al. (2006). *Refining of high oleic sunflower oil: Effect on the sterols and tocopherols content.* Eur Food Res Technol, 223, 775-779.

Pehowich DJ, A. Gomes and J. Barnes (2000). *Fatty acid composition and possible health effects of coconut constituents.*West Indian Med J. 49,128-33.

Petrauskaité V, W. De Grey and M. Kellens (2000). *Physical refining of coconut oil: Effect of crude oil quality and deodorization conditions on neutral oil loss*. J. Am.Chem. Oil Soc. 77, 582-586.

Rao R. and B. Lokesh (2003). *TG containing stearic acid, synthesized from coconut oil, exhibit lipidemic effects in rats similar to those of cocoa butter*, Lipids, 38, 913-918.

Rodríguez E, et al. (2007). *Fatty acid composition and oil yield in fruits of five Arecaceae species grown in Cuba.* J. Am. Oil. Chem. Soc. 2007;84:765-7.

Rossi M, et al. (2001). *Effect of bleaching and physical refining on color and minor components of palm oil*. J. Am. Chem. Oil Soc. 78, 1051-1055.

Ruzin, A. and R. Novick (2000). *Equivalence of Lauric Acid and Glycerol Monolaurate as Inhibitors of Signal Transduction in Staphylococcus aureus*. J Bacteriol 182 (9): 2668-2671.

Sanchez-Machado D. et al. (2004). *An HPLC method for the quantification of sterols in edible seaweeds.* Biomed Chromatogr 18, 183-190.

Siri-Tarino P., et al. (2010). *Meta-analysis of prospective cohort studies evaluating the association of saturated fat with cardiovascular disease.* Am J Clin Nutr 2010; 91: 535-46.

Stafstrom, C. and J. Rho. (2012). *The ketogenic diet as a treatment paradigm for diverse neurological disorders*. Pharmacol., 09 April 2012.

Taha A, S. Henderson S and W. Burnham. (2009*). Dietary enrichment with medium chain triglycerides (AC-1203) elevates polyunsaturated fatty acids in the* *parietal cortex of aged dogs: decline*.Neurochem Res. 2009 Sep;34(9):1619-25. Epub 2009 Mar 20.

Tarrago-Trani, M et al. (2006). *New and existing oils and fats used in products with reduced trans-fatty acid content*. Journal of the American Dietetic Association. pp. 867-880.

Torrejón, C. y R. Uauy. (2011). *Calidad de grasa, arterioesclerosis y enfermedad coronaria: efectos de los ácidos grasos saturados y ácidos grasos trans*. Rev Med Chile 2011; 139: 924-931.

Verleyen T, et al. (2002). *Analysis of free and esterified sterols in vegetable oils*. J. Am. Oil Chem. Soc. 79, 117-122.

Warner K, and N. Michael-Eskin (1995). *Methods to asses quality and stability of oils and fat-containing foods*. AOCS Press. Illinois, USA. Cap. 2,9.

Zschau W. (2000). Introduction to Fats and Oils Technology, 2nd edn. Champaign, IL: AOCS Press.

ÍNDICE